U0244130

本书为国家自然科学基金资助项目"农户种植行为与农产品质量安全：从粗放到标准——水稻为例"（编号：71573261）的阶段性成果。

Behavior Change in Rice Farmers'
Pesticide Use From the Perspective
of High-Quality Development

POLICY IN CHINA

高质量发展背景下
稻农施药行为研究

吕新业　著

中国财经出版传媒集团

经济科学出版社
Economic Science Press

前　言

"民以食为天，食以安为先"，农产品的质量安全，是人类社会生存和可持续发展的基础。但农户的施药行为是有限理性的，基于当前农药使用的负外部性，特别是作为我国三大主粮之一的水稻的"用药乱象"，本书选择将稻农施药行为作为研究对象，对稻农的农药过量施用水平进行测算，从农户自身、市场主体和政府监管三个方面出发，探究高质量发展背景下稻农施药行为的异质性。

本书的重点内容包括五个部分。第一，利用中国南方水稻主产区731个农户调查数据，通过损害控制生产函数对稻农的农药施用水平进行测算；第二，通过比较分析不同规模的稻农施药行为，掌握规模户与小农户用药行为差异的规律；第三，从市场角度出发，采用PSM考察不同市场主体参与对稻农过量施用农药的影响；第四，从政府角度出发，研究政府监管因素对稻农施药行为的影响，并将政府因素和市场因素共同纳入研究框架，分析二者之间的内在作用逻辑；第五，为统筹兼顾病虫害防治和化学农药减量的目标，分别采用Heckman两阶段模型和联立方程模型对农户绿色防控技术采纳行为的影响因素和效应评价进行分析。

在理论分析和实证分析的基础上，本书得出以下结论。第一，调研区域内，稻农存在严重的农药过量施用问题，这是由于病虫害与农药投入之间的恶性循环造成的。第二，不同规模农户的施药行为差异大，规模户的农药施用量高于小农户。在控制其他条件不变的情况下，规模户的单次用药剂量超标率比小农户高出56%，规模户的施药频次是小农户的1.40倍，口粮比例是规模户和小农户用药行为差异的根本因素。第三，市场环境因素对稻农施药行为的积极作用偏弱、消极影响较大。众多市场主体中，只有"质量型"收购商有助于抑制稻农的农药过量施用行为，合作社作用不明显，而选择非专业外包防治的农户比非外包组农户的农药过量施用概率高16.98%，非专业防治的组织化水平、植保防治手段与专业化的统防统治存在很大差距。第四，政府监管对农户的农药施用量的影响是有限的，但会与市场环境因素形成良好的交互作用，从而规范农户施药行为。第五，绿色防控技术是对化学农药的一种较好的替代。调研区域的绿色防控技术具有经济和环境双重效应，但农户的采纳比例较低，这与农户家庭的口粮比例大小有关，甚至打药时机预警和收购方关注点等因素在农户的采纳程度上也起到了较强抑制作用。

在现有政府监管和市场环境的基础上，为规范农户行为可从以下几方面入手。第一，灵活革新培训方式，积极落实监管职能。通过合理的制度设计来促进绿色市场的规范化，形成农户与市场主体的多层行业自律机制，纠正市场失灵。第二，严格把控市场环境，扎实促进优质优价。要加强对绿色农产品供给市场的管制，发挥市场主体规范对农户行为的约束和监督机制。第三，对农户因材施教，充分发挥示范作用。采用合理的激励方式引导农户进行自我管理，并积极发挥示范户的辐射作用，形成从知识输入到技术输出的转变。第四，不断完善补贴机制，推进技术研发与推广。通过绿色农业技术的补贴常态化、多样化，结合减少技术推广中的交易费用和制度成本，共同弱化农户应对技术更新的成本压力。第五，建立纵向反馈机制，完善风险补偿制度。通过纵向的信息反馈机制，针对性地为农户提供全程或阶段性服务，并通过完善风险补偿制度，弱化农户为应对收入波动而对农药施用量的依赖。

目
录
Contents

第 *1* 章

导　论

1.1　研究背景与问题

农药是农业生产活动中的重要物质资料，可有效降低由病害、虫害和草害所造成的农作物产量损失，在农作物的生长环境中发挥着重要作用。但也正是由于农药的病虫害防治作用，农民对农药产生高度依赖性（Pemsl et al.，2005），导致农药施用量的大幅增加，甚至出现了过量施用现象（Huang et al.，2002；米建伟等，2012；王常伟等，2013）。基于当前农药使用的负外部性，特别是作为我国三大主粮之一的水稻的"用药乱象"，本书选择对水稻生产种植中的农户施药行为进行研究。

1. 解决农药过量施用问题的必要性

农药的过量施用给农产品的质量安全、人类的生命健康乃至农业生态环境的可持续发展都带来了巨大的破坏和危害（Dasgupta et al.，2007；卜元卿，2014）。对于整个生态系统而言，即便是合理的农药使用量也会对之造成严重破坏，过量的农药施用更是如此，土壤、水体、大气以及非靶标生物都承受着过量施用农药的污染。对于整个社会系统而言，农药的长期、大量使用，形成了农药残留，持续破坏着农产品的质量安全，危害着人类生命健康，同时也增加了经济成本（章力建等，2005）。

农产品的质量安全是人类社会生存和可持续发展的基础。然而，我国食品安全事件频发，威胁着人们的健康。当前，我国农产品质量安全的保障水平相对人们的期待还存在一定差距（叶兴庆，2016）。而来自消费者和政府等主体的需求和号召的"压力"，使农产品质量安全的提高变得刻不容缓。具体表现为以下两个方面。一方面是消费者的需求升级。随着我国人均收入水平的不断提高，居民对农产品的质量安全越来越关注（张雯丽等，2016），特别是对蔬菜、大米等农产品的质量和安全性要求越来越高，农产品的农药残留等问题已成为全社会关注的热点问题。在生活水平提高、食品消费结构转变的背景下，消费者越来越关注农产品的质量安全问题（冯忠泽等，2007）。另一方面是政策的号召力。在农业发展过程中，农产品的数量供需矛盾逐渐向质量供需矛盾转变，我国相关政策对农产品的重视，也从数量增长逐步转移到对农产品质量安全方面。农业部2015年发布的《到2020年农药使用量零增长行动方案》提出，在保障农业生产安全的同时，需要更加注重农产品的质量安全，只有深入推进农户对绿色防控技术的采纳，普及科学用药，才能从根本上保障农产品的质量安全。综上所述，解决农药过量施用问题是必要且刻不容缓的。

2. 选择农户行为研究的重要性

农药过量施用问题并不是单一主体的农户问题抑或是中间商问题，它是一个涉及多方利益主体的经济问题，这其中包括生产者农户、经销商、消费者甚至涉及监管职责的相关政府以及合作社、企业、市场等多方主体，故而解决农药过量施用问题无疑是极其复杂的。农药过量施用问题的解决，一般研究会考虑从政府监管视角出发，以强制手段促使相关主体改善经营行为；或者从经营主体视角出发，以市场激励手段或市场组织约束，促进经营主体自发性地关注农产品的质量安全（孙世民等，2016）。但是，现阶段政府的监管对农户施药行为约束和规范的作用还不显著（王常伟等，2013）。无论是国内还是国外，农药残留问题层出不穷，虽然世界各国都对其投入许多人力、物力、财力，但过量施药问题依然严峻。

农户是农产品的供给源头，是农业生产的主体。作为农产品生产和流通中的关键一环，农户的施药行为是农产品质量安全问题产生的源头，因此，农药过量问题的解决不能仅仅依靠政府监管等外部力量，还要充分发挥农业生产者的自我约束作用，这对农户行为的研究具有重要意义。农户并非是完全理性的经济人，在追求效益最大化过程中，往往主动或者被动忽略其他因素，只考虑产量最大、风险规避，因而过多施药进而导致农产品的质量安全问题。因此，本书将从农户自身出发并一改以往对农户生产行为的宽泛研究，聚焦农户生产行为中的具体施药行为，抓住影响农产品质量安全的核心。

3. 选择水稻作为研究对象的典型性

稻米是世界上食用人口最多的谷类食物，我国以稻米为主食的人口占全国人口 1/2 以上。作为我国三大主粮之一，水稻也是我国种植区域最广的农作物，我国 90% 以上的省份都不同程度种植水稻，主产省达到 18 个。2018 年，我国稻谷总产量 2.1 亿吨，稻谷产量在 1000 万吨以上的省份主要集中在长江流域，基本处于中国东、中部地区。其中，湖南、江西、江苏、湖北和四川五省是中国水稻的主产省份，特别是湖南与江西两省的稻谷年产量近几年均在 2000 万吨以上。按区域来说，我国的水稻种植区域主要集中在长江流域、东南沿海和东北平原三大区域，其种植面积在全国种植面积中的占比分别是 64%、22%、12%（周洁红等，2017）。水稻生产在我国粮食生产中占有十分重要的地位，在我国从"温饱"向"小康"的迈进中更是起到了不可替代的作用，而且为我国的粮食安全也作出了巨大贡献，水稻安全生产对保障国家粮食安全起着极其重要的基础作用（周锡跃等，2010）。

水稻不同于旱地作物，它是我国当前病虫草害发生频繁、防治次数较多的作物之一。在水稻的生产经营中，其质量安全问题，不仅是水稻的口感、营养成分等质量问题，更是其农药残留、重金属污染等对人与环境造成危害的安全问题，是质量问题和安全问题的综合体，关系着人类的健康和安全。有研究表明，我国农民在水稻种植过程中实际施用的农药量是其最佳经济施用量的 1.5 倍（Huang et al.，2000），水稻生产中的农药过量现象具有普遍性、长期性的特征（朱淀等，2014）。在这样一个种植面积广、食用人数多的背景下，水稻中施用的过量农药成为人类健康潜在的重大威胁。水稻生产种植中的"用药乱象"主要是多、乱、混等问题，其中用药多是指农药使用剂量大、施药频次过高；用药乱是不执行农药标签的规定或不考虑农药安全间隔期而随意用药；用药混是同一病虫草害混用多种不同品类农药，多种不同病虫害的不同农药混用等问题。

本书选择水稻作为农户农药施用行为的研究对象，是由水稻生产特点和稻米质量安全的特点所共同决定的。第一，中国是世界上最大的稻米生产国与消费国，水稻是人民消费主食的主要来源，其质量安全在一定程度上决定了国民的身体健康。第二，水稻生长期处于病虫害高发期，对病虫害的防治贯穿于水稻生长的全过程，水稻的质量安全问题具有长期性和累积性。水稻作为国内第一大粮食作物，是我国"口粮"自给的重要保证，其重要性不言而喻，所以选择水稻作为研究对象具有典型性。立足于以上多重背景，水稻生产种植中的农户施药行为需要密切关注和深入研究。研究并揭示稻农施药行为的背后机理和农药减量增效的可能路径，对于保障农产品质量安全、推进农业现代化、缓解生态环境的压力意义重大。

1.2 病虫害防治与高质量发展

1.2.1 中国农业生产与农药使用情况

绿色兴农、质量兴农是推进农业经济高质量发展的重要路径。早期中国农业生产过程中，农药使用量一直居高不下，而农药的超量使用已经给环境带来了严重的负外部性问题。农业环境的污染是制约可持续发展的重要"瓶颈"，如何在保障农业产出的同时，有效降低农业生产过程中的农药使用量，成为现代农业政策的重要关注点之一。为有效降低农业污染，农业农村部提出了确保到 2020 年实现"一控两减三基本"的目标，而这一目标已提前实现。图 1-1 描述了 21 世纪以来中国农业生产过程中农药使用量的变化趋势。可以看出，中国农业生产过程中农药使用总量呈现出先增长而后缓慢下降的过程，在"十二五"时期以前，农药使用量一直处于不断上升阶段，而从 2015 年开始，农药使用量逐年下降，到 2018 年降低为 150.4 万吨。从单位播种面积农药使用情况可以看出，2010 年之前，单位面积农药使用量一直处于不断上升阶段，而之后处于不下降趋势。农药减量化目标的实现，一定程度上是科学施药与绿色防控技术不断推进的结果。高效施药技术的发展有力地促进了农业的节本增收，并为农产品质量安全提供了重要保障。

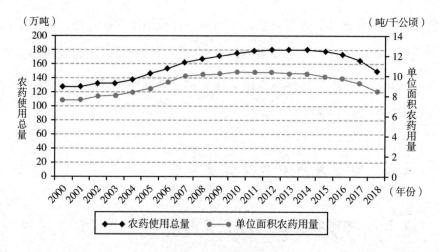

图1-1　2000～2018年中国农业农药使用量变化情况
资料来源:《中国农村统计年鉴》。

1.2.2　病虫害防治发展现状

2018年全国主要农作物绿色防控覆盖率达到29.4%，比2014年提高了9.4个百分点。植保无人机是促进农药减量使用的关键技术变革。伴随着农业劳动力的转移，植保无人机等农业机械可以有效促进劳动分工的深化，对于专业化病虫害防治有着至关重要的影响。基于技术进步角度，植保无人机作为一种高效的施药器械，通过精准施药，可以有效降低农业生产过程中的农药使用量。规模大户比较注重综合成本，而普通农民考虑更多的还是用药成本。用现代先进设施装备专业化服务组织，可以提高防治效率，促进农业生产规模化、专业化发展。近年来，为解决农作物生产过程中病虫防治无劳力、分散防治效率不高、一家一户病虫防治难的问题，国家和地方政府一直在积极创新农业服务模式，大力推行农作物病虫害专业化统防统治工作，专业化防治组织建设力度逐年加大，通过争取政府资金、农机补贴等来扶持服务组织不断更新装备、提升能力；整合各种涉农资金，通过政府购买服务的方式推进专业化统防统治，植保专业化统防统治能力不断提高，促进了农业增效、农民增收。

图1-2描述了2009~2018年中国农业植保无人机作业面积的变化趋势。农用无人直升机飞行速度快，规模作业能达到每小时120~150亩，其效率比常规喷洒至少高出100倍。2015年前，无人机作业面积一直处于缓慢变化、波动上升阶段，从2015年开始，无人机作业面积一直处于急速上升阶段，到2018年作业面积达到5824.57千公顷，相较于2015年作业面积平均每年增加55.29%。

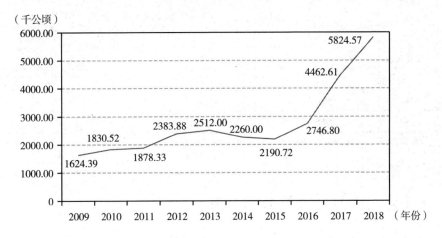

（千公顷）

图1-2 2009~2018年中国农业植保无人机作业面积变化情况
资料来源：《农业机械工业年鉴》。

为不断提升农作物重大病虫草害综合防治能力和绿色防控水平，更好地服务农业绿色高质量发展，各地区在病虫害防治过程中采取了一系列有特色的政策措施，有力促进了防治队伍的发展，绿色防控面积也稳步推进。例如，浙江是全国首个整省推进的国家农业可持续发展试验示范区暨农业绿色发展试点先行区，其中很重要的一部分内容就是化肥农药的减量化使用，为保障农业生产安全、农产品质量安全和农业生态环境安全，通过组织领导、政策扶持以及宣传指导，有力地促进了资源节约型、环境友好型病虫害可持续治理技术体系的建设。表1-1描述了2018年植保无人机作业面积排名前5位的省份，分别是湖南、黑龙江、山东、河南以及安徽，其中，湖南省无人机作业面积占到了总播种面积的10.96%，这5个省份是中国农业生产大省，在农业高质量建设中发挥了重要作用。

表1-1　　　　　2018年植保无人机作业面积排名前5位的省份

省份	植保无人机作业面积（千公顷）	农作物播种面积（千公顷）	无人机作业面积占播种面积比例（%）
湖南	888.43	8109.3	10.96
黑龙江	694.31	14673.3	4.73
山东	647.34	11076.8	5.84
河南	557.44	14783.4	3.77
安徽	544.55	8771.1	6.21

资料来源：《农业机械工业年鉴》《中国农村统计年鉴》。

1.3　研究意义及研究设计

1.3.1　研究意义

本书针对稻农施药行为的影响机制进行研究，以期在总结与分析的基础上，提出具有前瞻性、可操作性、实践性的对策建议，并为农户施药行为研究提供新的视角，这对提高农药的利用效率、规范农户的生产行为、提升水稻的质量安全具有一定的理论与现实意义。

1. 理论意义

现阶段，农户行为的研究尽管受到众多学者的关注，但研究视角仍然较为宽泛。本书将聚焦于农户生产行为中的具体施药行为，从农户自身、市场主体、政府监管等方面出发，构建一个统一分析框架，深入探讨稻农在种植过程中的决策机制以及不同研究视角下稻农施药行为的异质性，从而探寻影响水稻质量安全问题的关键所在。本书从"单次用药剂量超标"和"施药频次"两个角度，对比分析不同种植规模稻农的施药行为的差异，并将政府监管因素和市场环境因素共同纳入对稻农施药行为影响因素的分析框架中，分析两类因素之间的内在作用逻辑和路径利用。通过上述研究，探究稻农施药行为背后的机理，来掌握规模户与小农户用药行为差异的规律，充分挖掘农业生产者的自我规范和外部环境约束的双重作用机制，这有助于丰富和发展现有关于农户行为的理论研究，并在一定程度上提升农户行为理论的适用性。

2. 现实意义

农药的过量施用问题是摆在农业生产与发展面前的一道不可回避的难题。农户作为农药的直接使用者和第一责任人，毫无疑问地被推向了农药残留超标问题的风口浪尖。第一，从当前的状况来看，在水稻生产中，不合理、不规范的农户施药行为正是导致或者加剧水稻质量安全问题的主要原因，规范农户施药行为、提升水稻的质量安全已是刻不容缓。第二，从未来的发展趋势来看，农户施药行为的优化具有相当大的发展潜力，农药的减量增效尚存较大的发展空间。农户施药行为的规范，一方面可以减少农药的使用量和流失量，提高农药的使用效率，降低农业的投入成本，提升水稻的竞争力，促进农业发展的现代化；另一方面可以提升农户群体的认知水平，保障农产品的质量安全，缓解生态环境的压力。本书选择具有典型性和代表性的水稻主产省份作为调研区域，得出的研究结果对调研区域本身意义重大，对其他区域也具有重要的借鉴意义，同时还对其他粮食作物的生产具有重要的现实意义。

1.3.2 研究内容

1. 研究思路

本书以稻农施药行为作为研究对象，按照"提出问题→分析问题→解决问题"的基本逻辑思路来开展整个研究。

首先，基于农药作为农业生产中重要资料，其大量甚至过量施用的现象及其产生的负外部性与农户在农业生产中的主体地位等多重背景，本书确定了研究范畴，在进行文献综述与理论分析的基础上，建立了研究框架，确定了研究重点。

其次，在实地调研的基础上，本书综合分析农户个人禀赋、家庭环境以及施药行为等方面的现实特征，深入探讨稻农在种植过程中的决策与选择机制。根据现有研究对农户是否过量施药存在的不一致观点，本书将估算农户在水稻生产过程中的农药边际生产率。结合当前稻农施药行为的复杂性，再从农户自身、市场和政府三大主体出发，探究不同种植规模、不同市场主体参与、不同政府监管方式等研究视角下稻农施药行为的异质性，从而探寻实现农户用药减量化的最优路径。

最后，从典型的农药替代型技术出发，探究当前稻农绿色防控技术采纳行为的影响因素及其效应评价，以期从替代视角出发，改善农户施药行为，加快推进农业绿色发展。据此，提出具有针对性、前瞻性和可操作性的政策措施，从根本上规范农户施药行为，促进农药的减量增效。

本书遵循的技术路线如图 1-3 所示。

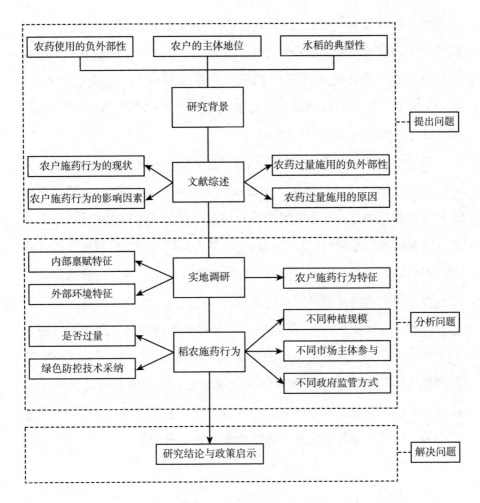

图 1 - 3　本书的技术路线

2. 研究内容

本书关于稻农施药行为的研究内容主要从以下几个方面展开。

第一部分（第 1~3 章），主要对农户施药行为展开研究评述，总结归纳为农户施药行为的现状、农药过量施用的负面效应、农药过量施用的原因以及农户施药行为的影响因素等方面，通过借鉴先前研究者的研究成果及探究其不足之处，从中发掘新的突破口。

第二部分（第 4 章），在梳理农户行为相关理论的基础上，对稻农施药行为的调研数据进行统计分析，挖掘农户的个人禀赋特征、家庭环境特征和农户整体的施药行为特征，并系统分析农户在买药、配药、施药和存药等各环节的特征，从而掌握当前稻农的农药施药行为概况，为实证分析中变量的设定做出铺垫。

第三部分（第 5 章），基于现有研究对农户是否过量施药存在的不一致观点，分别运用 C-D 生产函数和风险控制生产函数来估算农户在水稻生产过程中的农药边际生产率，并在对农药投入和化肥投入等基本投入要素的自变量回归估计的基础上，加入控制变量进行对比分析，从而得到稻农是否存在农药过量施用行为的估计结果，为进一步探讨农户非理性施用农药的深层原因奠定基础。

第四部分（第 6 章），在当前学术界对种植规模与农药使用量关系相对立的背景下，本书将稻农分为规模户与小农户两组，从"单次用药剂量超标"和"施药频次"两个角度出发，综合衡量水稻生产中规模户与小农户在农药施用行为上的组间差异。通过对不同规模稻农的施药行为进行对比分析，来掌握规模户与小农户用药行为差异的规律，探寻影响稻农在用药过程中的决策机制。

第五部分（第 7 章），基于现有研究可能的缺失，本书立足于近期的调查数据，从市场角度出发，重点关注合作社、非专业外包防治的承包者、"质量型"收购商等市场主体参与对稻农的农药过量施用的影响，为从源头上控制农产品的质量安全问题提供一个新的视角。

第六部分（第 8 章），从政府角度出发，研究其对稻农施药行为的减量效应，并将政府监管因素和市场环境因素纳入统一的分析框架，分析两类因素之间的内在作用逻辑和路径利用。通过对比二者对稻农施药行为影响的异质性，探寻实现农户用药减量化的可能途径，从而为农药减量增效相关政策的制定提供理论依据和实践参考。

第七部分（第9~11章），为统筹兼顾病虫害防治和化学农药减量的双重目标，从替代视角出发，探析农户绿色防控技术采纳行为的影响因素和经济、环境效应评价，以期形成一个完整的农户行为和技术效应的分析路径，为我国农业绿色发展的技术选择提供一定的理论与现实依据。

1.3.3　研究方法

（1）实地调查法。实地调查法是社会调查法中的基本方法，本书在文献综述和理论分析的基础上，按照稻农施药行为研究的主题思想设计调研问卷，在水稻主产区进行预调研的基础上，开展大样本实地调查。此次调查获得的第一手资料是本书的主要数据来源，也是研究顺利开展的关键。

（2）计量分析法。本书通过实地调研数据，对被调查地区的农户个人禀赋特征、家庭环境特征和农户整体的施药行为特征等方面进行描述性分析，并在此基础上运用科学的计量分析方法来研究变量之间的数量关系和规律。本书运用 C-D 生产函数与损害控制生产函数对稻农的农药过量施用水平进行测算；运用 Logit 模型和泊松回归模型，对不同规模的稻农施药行为进行比较分析；运用倾向得分匹配法考察市场主体参与对稻农的农药过量施用行为的影响；运用 Heckman 两阶段模型和联立方程模型综合分析农户绿色防控技术采纳行为的影响因素与效应评价。本书将通过计量模型实证分析，验证理论假设，提出相应的政策启示。

第 *2* 章

文献综述

农户是农产品的供给源头，是农业生产的主体。在水稻种植中，稻农是理性经济的，他们作为水稻的直接生产者，将收益最大化视为追求的最终目标。在寻求收益最大化的过程中，稻农往往会忽略其他因素，只考虑产量最大的目标，其过多的施药行为终将不可避免地导致水稻的质量安全问题。作为水稻生产和流通中的关键一环，稻农的施药行为与水稻的质量安全密切相关，因此，本书将从稻农施药行为角度展开分析，探寻规范稻农施药行为的可行路径，这对保障水稻的质量安全具有重要的现实意义。

2.1 农户施药行为的现状

在现实条件下，农户的施药行为其实并非是完全理性的，他们施药行为的决策来源于自身对农药的认知水平和使用农药的行为习惯等因素（王建华等，2014a）。合理、规范的农药使用行为，在提高生产效率的同时，还可在一定程度上节约劳动力的投入，这是农产品质量安全的保障，更是人类身体健康和生态环境安全的前提。但是在当前的农业生产种植中，农户的不科学、不规范、不安全、不环保、不经济、不高效等不合理的施药行为层出不穷。

2.1.1　用药行为不科学、不规范

农户使用农药的环节主要包括买药、配药、施药和存药等环节，在各个环节，农户都普遍存在不科学和不规范行为，对农产品的质量安全带来极大的威胁，这些不科学和不规范之处主要体现在以下几个方面。

买药环节中，农户存在两种极端行为，一是农户过度相信甚至是依赖农资店，而部分农资店却存在逆向选择行为，他们会选择性地隐瞒不利于农药销售的信息来保证销售量；二是农户会完全忽略农资店的推荐，自己选择一种或多种农药混搭，其中不乏不宜同时使用的农药品种。

配药环节中，农户的不科学、不规范行为主要表现在不严格按照农药使用说明书的指导来配制农药，部分农户的农药配比浓度远远超过说明书，甚至有农户会混配不同农药。农户在配制农药的过程中存在的这些不科学、不规范的行为，大大降低了农药的防治效果。

施药环节中，农户存在的不科学、不规范行为最为严重，主要体现在农药使用量、施药频次、设备选择等方面，这些行为在农药使用效率、食品安全问题、农户身体健康以及生态环境等众多方面都产生了深重的不利影响。在农药使用量上，虽然部分农户已经了解甚至掌握了常用农药的配比方法和具体用量等要求，但现实操作中仍然存在不遵守规范的现象（黄月香等，2008）。甚至有些农户为了追求更大的市场效益，在施药过程中存在着不惜违反相关规定、缩短安全间隔期或加大用

药剂量等逆向选择行为（江激宇，2012）。王常伟等（2013）研究发现，有1/4的农户存在不规范施用农药的行为，如超过农药说明书的用量规定使用农药。姜健等（2017）研究发现，在施药过程中许多农户会超过说明书规定使用量，存在过量施用农药的行为。在设备方面，威廉姆森等（Williamson et al.，2008）研究发现，部分农户的打药喷雾器存在滴漏跑冒现象，从而导致了较大的农药使用量。

存药环节中，农户不科学、不规范的行为主要是剩余农药的乱丢、乱放问题。大多数农户对瓶、袋等包装破损的农药视若无睹，任其暴露、挥发；也有部分农户会将未用完的两种或多种农药混放在一个包装瓶或包装袋内，完全忽视农药之间的安全距离要求，也不考虑由于农药之间发生的化学反应而导致的变质、失效问题；甚至有农户将乳油或烟熏剂农药与汽油等易燃易爆物品放在一处，造成不必要的安全隐患。

2.1.2 用药行为不安全、不环保

在农户的施药行为中，无论是施药前、施药中还是施药后，都或多或少存在不安全和不环保行为。其中不安全行为主要体现在三点：一是农户在施药过程中不注意防护而导致自身受到的危害；二是由于过量施用农药所造成的农产品农药残留带给消费者的危害；三是农户施药后随意处理剩余农药导致的人畜中毒现象。在农药的使用过程中，农户存在不重视防护、不规范防护甚至是零防护的行为，长期危害着农户自身的健康，特别是发展中国家的农户，直接用手接触农药的"零距离"施药行为经常存在（Coffman et al.，2009）。同时，农户也存在对农药保管的不妥当、不安全之处，非生产性的中毒事件时常发生（李红梅等，2007）。整体来看，在农药的使用过程中，农户的不规范用药、低水平防护以及不当处置农药废弃物的不安全行为较

为普遍（Plianbangchang et al.，2009）。

农户在农药使用中的不环保之处贯穿于整个施药行为过程中，主要表现为施药过程中喷施农药的粗放性、施药后喷药设备清洗和包装物处理的随意性。在农药使用中，农户最不环保的行为就是粗放、过量喷洒农药的行为，极易导致农药量的流失，造成严重的污染，特别是对土壤、大气、水体等生态环境的危害极大。同时，农户在对农药包装物的处理、对农药机械设备的清洗上都存在不环保行为。不少农户在喷药设备的清洗方面缺乏科学的认知，长期存在不清洗或不及时清洗喷药设备的习惯（王志刚等，2009）；在选择清洗喷药设备的农户中，又存在清洗方式不当的行为，危害着村域环境。在清洗喷药设备的地点选择上，许多农户会选择在公共水源地比如河流、水井等处清洗；甚至还有农户在农田、沟渠处随便弃置农药包装瓶或包装袋等农药废弃物，或者就地燃烧（Hurtig，2003），以上种种不当行为造成了农村水资源环境、土壤环境、大气环境的严重污染。

2.1.3 用药行为不经济、不高效

在农户施药行为中，农户往往存在农药使用的不经济、不高效行为。不经济行为主要是指农户在农业生产中，不按照使用说明书的规定盲目过量施用农药，大大降低了农药使用效率，增加了经济成本。我国是农药生产和使用大国，在农作物生产中，普遍存在着农药过量使用的现象，无形加大了农户的经济投入成本。同时，部分农资店也存在逆向选择行为，他们会选择性地隐瞒不利于农药销售的信息来保证销售量（蔡键，2014），诸如此类的行为导致农民对农药信息掌握存在巨大缺口，盲目过量、高频、低效用药，使得农药投入成本大大增加，效果却适得其反。

不高效行为主要包括农户的重治轻防行为和农药低效率使用行为等。在农业生产中,病虫害的始发期是用药效果最好的防治阶段,但多数农户倾向于重治轻防,在病虫害发展的中期或强盛时期才选择用药。另外,部分农户在农药品种的选择上,自恃经验成熟,错用、误用农药的情况时有发生,常在无形中错过防治的关键时机,这些行为都增加了农药的使用量。此外,农户的农药品种选择不当、浓度配比不合理、病虫害防治黄金时期的无作为等因素都大大降低了农药的使用效率。

2.2　农户施药行为的影响因素

农户施药行为是一个复杂的综合体,是多种因素之间综合作用的结果。已有研究大多从农户的个人及家庭特征出发探究农户施药行为的影响因素。周洁红(2006)认为,农户特征是影响农户安全用药行为的重要因素之一;伊辛等(Isin et al.,2007)发现农户的农药施用行为受到了自身年龄、文化程度和种植经验等因素的显著影响;切斯尼克等(Česnik et al.,2008)认为,农户的农药使用量受到复杂因素的影响和制约,为了避免由于病虫害造成的潜在产量和经济损失,农民偏向于选择大量使用农药;杜斌等(2014)分析发现,农户的主观规范、行为态度等因素将显著影响农户的安全生产意愿。基于此,本书将农户施药行为的众多影响因素归纳总结为:农户个体特征、家庭特征、政府作用、市场环境、自然环境以及其他因素等。

2.2.1　农户个体特征

农户的施药行为从根本上是由人为因素所决定的,农户的个体特征是影响农户施药行为的根本性特征。本书将影响农户施药行为的个体特征从农户的性别、年龄、文化程度、认知水平、对风险的态度以及兼业情况等几方面进行总结。

（1）性别。性别对农用化学品的施用有一定的影响，相对而言，男性的农药施用行为较女性更为规范（冯忠泽等，2007），这是由于我国农村的男性相比女性在文化水平和社交能力等方面更具优势，他们对用药技术和知识的了解和掌握程度普遍高于女性（周曙东等，2013）。但也有学者研究认为，男性在施药行为上的安全性低于女性，即便男性了解更多的农药施用知识（Wang et al.，2017）。

（2）年龄。年龄也是影响农户生产行为一个重要因素（Mcpeak et al.，2006），特别是在施药剂量大小和施药频率高低方面都起到了重要作用（Ntow et al.，2006）。年龄较大的农户一般会拥有更为丰富的种植经验，他们可以清楚地识别农药施用方式的优劣，因此，年龄、种植经验这两个因素和农户的安全用药行为是正相关的（Parveen et al.，2003）。与年龄较小的农户相比，年长农户的农药施用经验更多，但在农药新知识或新技术的认知水平方面，年长农户的适应能力和接纳程度却远远低于年轻农户（童霞等，2014）。同时，也有研究发现，随着年龄的增长，农户施用高毒农药的可能性增强，相比之下，年轻农户偏向于选择更具安全性的无公害农药（陈雨生等，2009）。

（3）文化程度。文化水平对农户在农药品种选择和使用方法上的影响具有基础性、普遍性特征，他们受教育水平的高低是影响自身施药行为的最根本所在。农户的受教育年限与其施药行为之间存在着一定程度的相关性，一般而言，受教育年限越长，农户的行为就越规范。具体来看，农户的受教育水平与自身的农药使用量之间是显著的负相关关系（黄季焜等，2008），高水平的文化程度可以显著降低农户的农药使用量。农业生产者的受教育水平是降低农户农药施用风险的重要因素

（童霞等，2011），受过良好教育的农业生产者过量施用农药的风险远低于受教育水平较低的农业生产者。缺乏农药使用知识和技术的农户常常会表现出不合理、欠规范的施药行为（Polidoro et al.，2008）。当前，农户过量施用农药的深层原因便是农户缺乏农药施用的相关知识（朱淀等，2014）。

（4）认知水平。认知是一种具有有限性、复杂性等特征的心理因素（谭翔等，2017）。农户对农产品质量安全的认知水平是农户做出安全生产行为的基本前提，农户的认知水平越高，选择利于农产品质量安全的投入品和生产方式的可能性就越大。农户的认知水平是影响安全施药行为的关键因素，两者之间一般是显著的正向相关关系，农户的高水平认知是保障农产品质量安全的关键所在。农户安全、绿色的农药施用行为离不开自身对农药使用相关方面的认知水平（张云华等，2004），在农业生产中的农药滥用现象大多是由于农户认知水平不足所造成的（胡定寰等，2006），农药的残留与否与农户的认知水平有着直接的联系（Zhou et al.，2009）。由于对农药的错误、低水平认知，印度农民经常存在过量施用农药、盲目混用农药等不规范施用农药行为（Abhilash et al.，2009）。关于农药与农药残留之间的关系，不同的农户存在明显的差异，不同的认知水平影响着农户的施药行为（童霞等，2014）。

（5）对风险的态度。病虫害是农户农业种植收入的主要威胁，面对产量损失的风险，农户的应对措施和承受能力比较有限，面对风险的态度成为影响农户行为决策的重要因素（Paudel et al.，2000）。农户的施药行为与自身的风险偏好息息相关，相比其他生产者，风险规避者出现不合理施药行为的概率显著增加（黄季焜等，2008）。农药投入是农户防治病虫害的主要手段，是减少农业产量损失的损害控制投入要素，一般而言，如果农户的风险厌恶程度越高，其增加农药投入减少产量损失、弱化潜在风险的可能性越大（米建伟等，2012）。换言之，风险规避意识越强的农户，越倾向于增加农药投入量。

（6）兼业情况。在农业生产中，兼业情况也在一定程度地影响着农户自身的农药施用行为。非农就业的"兼业效应"与"收入效应"，会间接改变农户的种植行为（Shi et al.，2011；李明艳等，2010），已有研究证实非农就业会负向影响农户的安全生产行为（赵佳佳等，2017）。

2.2.2　农户家庭特征

对于农户而言，其所处家庭环境的收入水平、种植规模、生产用途等现实情况都会对农户施药行为产生一定的影响，农户家庭的经营现状是影响农户生产行为的主要决定因素（Dorward，2006）。

（1）收入水平。农户家庭的种植收入水平对施药者的行为具有基础性作用，对种植收入越是依赖的农户，其加大农药投入量来控制产量损失的可能性越大。农户一般会从利益视角出发，在综合判断禀赋条件和外部环境的基础上，作出符合心理预期的施药方式的选择（王军等，2009），农户家庭的经济收入条件是农户生产安全农产品行为选择的关键因素（彭建仿等，2011）。一般而言，当灾害发生的可能性较大时，农户家庭的种植业收入在总收入中的比重越低，他们加大农药施用量的可能性越大（高晨雪等，2013），可见，种植业收入在农户家庭总收入中比重的大小是农户安全生产意愿的关键所在（Hayati et al.，2009）。

（2）种植规模。家庭农业生产的种植规模也是影响农户施药行为的重要因素。小种植户与大规模户之间的生产行为具有明显的差别，一部分研究认为，随着种植面积的不断增加，农户在农药和化肥等投入品上的边际投入是递增的。这可能是因为，与大户相比，小户的农业生产以口粮为目标，更注重食物本身的安全和健康。而种植规模越大，意味着农户的商品化程度和市场参与度越高，面对产量损失的风险将承受更大的威胁和压力，因此，大户比小户每亩农药使用量高许多。农户家庭的种植面积与收入来源是共同影响其自身农药使用行为的因素（周峰等，2008；赵建欣等，2008）。小种植户与大规模户之间的施药行为的区别和联系受此影响较大，规模户的经济收入以农业收入为主，更为依赖农业生产，所能承受的预期农业收入风险与生态环境风险较小，一般对于潜在风险持尽可能规避的态度（王志刚等，2005），更偏向于增加农药投入量来减少产量损失来应对风险。但也有研究认为，种植规模与农户的农药使用量之间是显著的负向关系（侯建昀等，2014）。

（3）生产用途。农户的施药行为在一定程度上也受到了农产品生产用途的影响。当农户家庭的农产品产量中的部分或全部作为自用口粮时，农户会对用在这些农作物上的农药使用量加以斟酌，但如果这些农产品产量全部用来出售给他人或收购商，农户可能不会对农作物上的农药使用量多加思考，只会更多地考虑如何利用农药最大限度规避产量损失。农户家庭中农产品的生产用途是家庭成员是否按照农药说明书或者其他安全用药规定要求使用农药的主要条件之一，当市场供给是一个农户家庭农产品生产用途的主要目标时，家庭成员往往会加大农药使用量、缩短农药安全间隔期来保证农产品的良好卖相，实现利润的最大化（王建华等，2015）。农户会选择将这些用药量大的自种农产品全部出售，再购买自认为质量安全有保障的农产品供自家使用（吴林海等，2011）。

2.2.3 政府监管因素

在农药使用中，政府从政策引导、监督管理和技术培训等不同方面对农户施药行为进行规范，激励农户的科学合理行为，制约农户的盲目错误行为。

（1）政策引导。政府的政策对农户施药行为的影响较大，在引导农户科学、合理使用农药上发挥着重要作用，保障着农产品的质量安全（黄祖辉等，2005），如对农药使用征收从价税会在很大程度上减少使用总量，或者对生物农药等安全绿色的农药种类进行补贴，利用相关农业补贴的政策倾向促进农户用药选择的环保性，激励农户施药行为的规范性（Arnalds et al.，2003）。但也有研究并不认同征税和补贴的政策效应，斯切瓦等（Skevas et al.，2012）认为，农药配额政策在约束农户对高毒农药的使用上具有显著的抑制作用，而征税和补贴政策的作用很弱，无法从根本上减少农户对高毒农药的施用频次。可见，不同政策对农户施药行为的影响效果存在较大差异，约束型政策和激励型政策对农户施药行为的政策效果明显，特别是在农户的农药使用量上规范作用很强，但培训、宣传等相关政策对农户施药行为的影响有限（黄祖辉等，2016）。

（2）监督管理。当政府或组织机构对农户的农药品种选择、农药施用量进行监督管理时，农户根据规定要求理性施用农药、规范自身行为的概率将大大提高。政府对农产品的质量安全检测力度越大，农户过量施用农药的概率越低（代云云等，2012）。政府的检查频率、政府的惩罚力度、农户的组织化程度以及市场主体的约束等因素，对农户的安全生产行为都有显著的促进作用（代云云，2013），但在众多影响因素中，政府的监管作用是最有效的。

（3）技术培训。技术培训直接作用于农户的农药认知水平，一般而言，越是经常参与技术培训的农户，其对新型农药知识及防治技术的了解就越多，其施药行为就越规范。相反，若农药知识匮乏、技术设备陈旧，农户的农药使用效率往往很低，直接导致农药浪费、农产品质量下降和环境污染。农药使用技术和使用量之间存在着相关性（Hubbell，1997），政府对农药使用相关技术和信息的传播显著作用于农户的施药行为（Hruska et al.，2002）。安全用药知识和科学用药技术的培训是提升农户认知水平的主要外部作用来源（王建华等，2014b），年均培训次数对农户安全生产行为具有正向的影响作用（赵佳佳等，2017）。同时，安全用药培训对农户过量施用农药的行为具有显著的负向影响，对于过量施用农药的农户，随着其农药过量施用水平的升高，培训的影响效果处于下降趋势（李昊等，2017）。

2.2.4　市场环境因素

农业生产者的行为是经济理性的，追求经济效益的最大化是农户行为决策的关键因素。在社会经济的变化发展过程中，农户的施药行为也适时做着相应的调整与改变，经济因素特别是农药的价格，在一定程度上影响着农户的施药行为。对于农药价格的变动，农户是比较敏感的，农户对价格偏高的农药投入量一般较小，也就是说农户的农药使用量与农药价格之间是负相关关系。在农户过量施用农药的问题上，农药价格相对偏低是直接原因，在较高程度上影响了农户的决策与判断。通常来讲，农户增加农药投入量将有效控制病虫害引起的产量损失，相关的收入是大于农户减施农药所带来的纯收入的（朱淀等，2014）。同时，市场体系的发育程度也影响着农户的行为，市场体系发育的不完全将阻碍农产品质量信号的有效传递，助长农业生产者农药过量施用的机会主义行为（王华书等，2004）。

2.2.5　自然环境因素

不同自然条件下，病虫害的发生概率和发生程度各不相同，农户也会随之出现不同的农业行为决策。一般而言，不同地区之间的农药使用量存在差异，这是由于受气候条件、地理位置的影响，农作物病虫害的发生概率和灾害程度是不同的（Saphores，2000），因此，在病虫害存在地域性差异的背景下，农户在农药的品种和使用量的大小上会做出不同的行为决策。发达国家与发展中国家之间、不同地形之间、不同省份之间、城郊与其他农村区域之间等在农药使用上都存在着区域差异：相比之下，发展中国家或地区的农药投入量一般高于发达国家，特别是在高毒农药的使用上比较广泛（Dasgupta et al.，2007）；我国南方受气候条件的影响，病虫害发生概率偏高，比北方使用高毒农药的倾向更大（娄博杰等，2014）；环渤海湾地区的高毒农药施用概率与农药投入水平均高于黄土高原地区（侯建昀等，2014）；陕西省的农户比山西省的农户使用高毒农药的可能性更大；城郊的农户比其他地区的农户使用高毒农药的可能性要小得多。可见，地区差异是影响农户施药行为的主要外部因素。病虫害发生程度具有较强的地域性，这造成了农户施药行为在地区间存在较大差异性的局面（黄季焜等，2008）。

2.2.6　其他外部因素

除农户个人和家庭特征、政府监管、市场环境以及自然因素外，还有许多因素也在不同程度上作用于农户的施药行为。例如，农药标签的语言过于专业，增加了农户的阅读难度，降低了农户对农药的了解程度，增加了农药残留的风险（Waichman et al.，2007），不利于农户施药行为的规范性、科学性。也有学者证明，农户的信息获取能力对其行为转变具有正向的显著影响（王绪龙等，2016）。此外，地理标志的使用对农户采用环境友好型农药具有显著的促进作用（薛彩霞等，2016）。

2.3 农药过量施用的负面效应

作为农药的终端使用者，农户的施药行为是否合理、是否规范、是否环保都对食品的安全、农户及消费者的身体健康和生态环境的可持续发展发挥着不可忽视的重要作用。纵使农药的杀虫、灭菌、控草等作用对于农业生产功不可没，当前过剩的农药使用量也给整个生态系统和社会发展带来了巨大的破坏和危害。

2.3.1 对生态的影响

在农业的生产发展中，无论是农药的科学合理使用还是盲目错误使用，都给人类赖以生存的生态环境造成极大破坏，这种破坏也是全方位的，土壤、水体、大气以及非靶标生物都承受着过剩农药的污染与侵害。

对于水体而言，农户喷洒农药时跑冒滴漏、清洗农药器具时不当排放、处理农药包装时随意丢弃，都会使农药随着雨水或农田灌溉水汇入河流、湖泊，甚至部分农药渗透进入地下水，对水体环境造成了严重污染。事实上，农户投入的农药，当中的大部分渗透残留于土壤和水体之中，只有约1/3的农药使用量停留在农作物表面发挥防治作用（刘兆征，2009），大量农户存在着过量施用农药的现象，很大比例的农药量会直接从田地径流汇入地表水再渗入地下水，破坏着整个水资源系统。对于土壤而言，农业生产中使用的某些农药的化学性质极其稳定，在土壤中的分解速度十分缓慢甚至长期存在，最终成为一个污染源（Bhattacharya et al.，2003），长期积累后将富集在土壤中造成土壤污染。对于大气而言，农户喷洒农药时，许多农药都存在蒸发现象，很多农药直接飘散到空气中，形成了大气污染。此外，化学农药在消灭害虫的同时，也会误杀害虫的天敌，如田间以昆虫为食的青蛙、鸟类等生物日益稀少，长此以往，病虫害的天敌逐渐减少直至消失，形成生物链缺口，生态系统被严重破坏。同时，农药还造成了有害生物抗药性的增强，引起病虫害滋生和农药投入的恶性循环，不仅导致农产品的质量安全问题，也造成了生态环境的破坏。

2.3.2 对社会的影响

农产品的质量安全是人类社会健康生存和稳步发展的重要物质基础，然而，农业生产中农药的不规范、不科学使用，导致农产品的质量安全问题频发，严重威胁着人类经济社会的可持续发展。

过量施用农药对人类身体健康的危害，一方面在于农产品中的农药残留对消费者身体健康的影响。在农业的生产发展中，不同的农药投入会作用于人体不同的系统和器官，引起多种多样的不良健康后果，我国每年平均都有超过 10 万人次的农药中毒事件（郑风田等，2003）。不合理、不科学、不规范的农药使用无疑会造成农产品的质量安全问题，如营养不均衡、品质不达标，对消费者的身体健康造成了很大的潜在风险（Bourn et al.，2002）。另一方面特指长期的农药暴露对农药使用者本人身体健康的危害。在喷洒农药过程中，农户长期处于农药暴露的环境中，他们大多数人的防护意识较低，因此均在一定程度上具有慢性中毒的现象，主要涉及皮炎、内分泌紊乱、慢性病、肝功能损伤、先天畸形等病症。因此，农户的施药行为造成的健康风险，既包括农作物中农药残留对消费者造成的危害，还包括对施药农业生产者自身的伤害（Leprevost et al.，2014）。

2.3.3　对经济的影响

在农业生产过程中，农户对农药的混搭使用、过期使用等低效使用、盲目使用、错误使用现象也对农业经营造成了成本增加、效率降低等影响。

第一，成本增加。一方面，大量的农药投入形成的农药残留，导致有害生物抗药性逐渐增强，使得农药的防治效果一降再降，缺乏农药使用知识的农户便将农药的投入一增再增，最终导致病虫害防治成本的大幅增长。另一方面，由于农户对农药的盲目、大量使用，增加了政府相关部门的监管成本，如周洁红等（2009）的研究发现，由于蔬菜中农药残留超标的现象较多，监管部门对农产品质量安全的监督与管理成本随之加大了。

第二，经济损失。在农药使用过程中，由于喷药设备的跑冒滴漏现象或者是农户无理由的过量用药行为，都造成了大量的农药流失，这不仅降低了农药的使用效率也造成了农户家庭的经济损失。章力建等（2005）研究发现，由于农户施药行为的不规范性、欠科学性，导致我国每年高达上百亿元的经济损失。

此外，农药的不规范使用对于农产品的国际贸易也有很大影响，农户施药行为的不合理、不规范极易导致农产品的农药残留问题，从而诱发农产品在国际市场上的贸易争端（麻丽平等，2015）。

2.4　农户过量施用农药的原因

农户过量施用农药与否是多方力量共同作用的结果，不仅与其生产主体息息相关，同时也受政府和社会的共同影响。本书从政府、社

会和农户三大主体出发，归纳总结影响农户过量施用农药行为的根本
原因。

2.4.1 政府作用：监管不力，权责不明

政府监管是食品安全的有力保障。在政府相关部门或机构的监督和
管理下，生产者会规范其生产行为，中间商会规范其经销行为，水稻及
其制成品才会拥有符合标准的安全质量。然而，在当前的水稻生产中，
政府存在监管不力或权责不明的情况。

（1）监管不力。当前的水稻种植仍以小农户生产为主，人均耕地
面积有限，以家庭为单位的水稻生产种植规模小且相对分散。在经营主
体细散化、经营方式组织程度低下的现实背景下，政府对农户施药行为
的监管难度加大、成本增高、效果弱化，甚至有经营主体间内部监督缺
乏动力的情况出现，不仅不利于农药投入品的质量管控，更不利于实现
水稻产品的质量保障。整体来看，不论是政府这一外部监管的约束力
量，还是经营主体间的内部监督机制，都未能在经营规模分散的条件下
对农药的投入与使用发挥切实高效的约束作用。

（2）权责不明。在影响水稻质量安全的农药选择与使用方面所涉
及的部门较多，如环保、农业、水利等部门，许多时候存在权责不明的
现象，甚至在许多乡镇根本没有专门的机构负责水稻的安全监管，特别
是在偏远地区的执法监管人员极少。在监管空缺或是不力的情况下，农
户滥用农药的情况无法避免，水稻的质量安全得不到根本的保障。农产
品多部门监管职能交叉，缺乏权利约束，监督与供应链脱离，存在监督
盲区，农业生产组织化、产业化程度不高，增加了监管难度（李静等，
2016）。

2.4.2 社会环境：成果转化滞后，信息不对称

作为水稻生产的主体，农户也是技术的应用者，因此稻农成为水稻技术传播的主要对象。科研力量发明创造的科技成果只有切实被稻农接受和消化，并应用到水稻的生产过程中，才能转化为现实的生产力。但技术的进步和创新与农户的接受能力和消化程度之间有一道鸿沟，二者之间存在一个明显的技术供给与转化应用的脱节趋势，造成了成果转化的滞后性（廖西元等，2004）。这主要是由于市场导向差、农业资源配置不当、推广经费欠缺、推广人员素质较低等原因，特别是推广机构与科研机构之间的双轨运行现状，导致许多先进实用、安全高效的技术普及应用缓慢，使水稻的质量安全得不到现阶段应有的保障（郝敬胜，2009）。农产品质量安全信息体系不完善也是农户过量施药的影响因素，在这种不完善的体系之下，生产经营者的生产经营过程没有统一的技术标准，这在很大程度上影响了农产品质量安全。农业农村部定期公布的例行监测信息仅仅是简单地公布各种产品的质检合格率，在一些关键要素上缺乏详尽的数据与说明，对提升农产品质量安全来说，可利用性不强。而发达国家的质量安全监测更注重最大农药残留量是否超过该种农残的最大摄入量，并对其风险进行评估，分析其是否满足该行业的市场准入条件，同时对监测、管理计划进行评估（李哲敏等，2012）。

2.4.3 农户自身：农户素质较低，经营规模分散

农户是农业种植的主体，不同的农户个体对农产品质量安全有不同的认知，认知的差异也会导致不同的农业生产行为，最后形成不同程度的农产品质量安全。农户的文化程度普遍不高，其中有一部分农户是文

盲，偏低的文化素质造成他们在追求产量过程中的滥用农药行为。同时，受限于较低的知识水平和较差的学习能力，大多农户对技术培训和安全培训中的农药品种的选择与使用、行业标准与规则的理解和接受程度不高。他们仍然在追求产量和收入的过程中，不断使用国家明令禁止使用和限制使用的农药，这导致农产品的农药残留超标现象时有发生。为保证农产品的产量和卖相，实现利润的最大化，农户常常选择过量使用农药（王秀清等，2002）。可见，农户的文化素质水平与个人能力也是影响其施药行为和农产品质量安全的重要因素（Mojid et al.，2010；Tobin et al.，2013）。

当前，我国的水稻种植仍以家庭生产为主，以家庭为单位的小规模生产具有标准化程度低、道德风险大等特征。吴淼等（2012）研究认为，我国以家庭为单位的小规模生产经营模式是导致农产品质量安全问题突出的重要原因。我国农业经营相对分散与细碎的现实条件，导致政府相关部门在监管中的过高成本，限制了监管水平的高效性、监管程度的全面性（万宝瑞，2015），当前经营规模过小是农产品质量安全问题的现实约束条件之一（何秀荣，2016）。农业种植规模小、组织化程度低，在很大程度上限制了农业技术指导工作的开展，诸多新型植保技术、工艺的推广和应用进程缓慢，农药残留超标的现状得不到根本的解决。

2.5　文献评述

整体来看，国内外专家学者对农户行为的研究在视野上不断扩展、在内容上逐渐深化，但理论研究进程滞后于实践，对稻农施药行为的研究尚浅，可深入挖掘的空间较大，有待于深入探索。（1）在农户施药行为研究中，已有研究多将研究视角聚焦于农户这一农药使用的微观实践主体，事实上，农户施药行为的研究并不是单一主体的农户问题抑或是中间商问题，它是一个涉及多方利益主体的经济问题，这其中包括生产者农户、经销商、消费者甚至涉及监管职责的相关政府以及合作社、企业、市场等多方主体。（2）在整个用药环节，已有研究也主要关注农户施药和配药环节的行为规范与否，对买药和存药环节的农户行为关注较少。同时，已有研究高度关注农户行为的科学规范与否、安全环保与否，对经济高效与否关注较少。（3）在对农户施药行为的影响因素研究中，缺乏统一的研究框架，变量和指标选择存在一些不足，如口粮比例等。而且已有研究主要关注农户的个体特征和家庭特征、政府因素、市场因素等单一因素对农户施药行为的影响，对于影响农户施药行为的不同类别因素之间的交互作用关注较少。（4）在农药过量施用的负面效应上，已有研究大部分将关注点集中在生态环境上，对农产品质量安全的关注相对较少；同时已有研究主要关注对生态环境的水体、土壤和大气污染等，对害虫天敌等生态系统的破坏相对关注较少。

本书根据选定的主题，针对已有文献的不足之处，主要在以下两方面进一步加强研究。

一是从研究对象来看，有待进一步深入。已有文献虽然对农户生产行为研究较多，但就农户生产行为中农户施药行为的研究相对不足、较为分散，尚未建立起系统的分析框架，也很少将施药行为作为整体进行研究，特别是水稻生产种植中的农户施药行为。农户施药行为中，除了施药环节，还应更多关注买药、配药、存药等一系列环节的行为来丰富农户行为的研究。本书确立了以具体农户施药行为的"施多少""施几次""怎么施"等一系列农业生产中的决策行为作为研究对象，从具体用药行为上刻画农户施药行为。

　　二是从研究内容来看，有待进一步完善。已有研究主要侧重对农户个人和家庭特征、政府的监管引导作用等单一因素的分析，对政府因素、市场因素以及家庭因素之间的交互影响关注较少。本书将政府因素与市场因素之间的交互项等变量纳入研究当中，更加全面、深入地分析稻农施药行为，以期探寻到农户施药行为的背后机理和农药减量增效的可行路径。

第 *3* 章

理论基础与研究框架

作为整个农业生产过程的决策者，农户的施药行为一直受到国内外学者的关注。本书根据奥斯汀等（Austin et al.，1998）提出的两个视角展开对农户施药行为的研究：其一，在假设稻农是有限理性的基础上，运用社会学方法研究稻农施药行为；其二，在假设稻农追求利润最大化的基础上，运用经济学的方法研究稻农施药行为。本章在对稻农施药行为的相关概念界定和相关理论分析的基础上，梳理构建稻农施药行为的具体研究框架，为下文的开展奠定基础。

3.1 概念界定

（1）稻农施药行为。本书认为，狭义的稻农施药行为是指在水稻生产过程中，农户在病虫害压力下进行杀虫灭菌、控草护田、生长调节的施用农药行为，这是农户施药行为的内涵所在。而广义的稻农施药行为，则应考虑买药、配药、施药和存药等一系列环节的农户综合性使用农药的行为，包括买药、配药环节的阅读农药标签行为，施药环节的单次农药剂量选择、施药频次、考虑安全间隔期等行为，存药环节中对变质、过期农药的处理行为等，这是对农户施药行为本质的外延。因此，本书将确立以具体农户施药行为的"施多少""施几次""怎么施"等一系列农业生产中的决策行为作为本书研究对象，分别以农户的"单次用药剂量超标""施药频次""阅读农药标签"三个方面综合界定并衡量农户施药行为。

（2）农药使用量。农药使用量是单次用药剂量与施药频次的乘积。其中，农药使用剂量是单次的农药施用剂量，以是否符合农药使用说明书的规定用量来简单判别用量不足、用量合理、用量过量三种情况。施药频次是指在稻农在水稻的一个生长周期内的施药频次。

（3）农药过量施用。现阶段，农药使用的理想状态是合理规范施用或不过量施用。本书认为关于农药过量施用的界定可以从两方面展开。一是从经济学视角来说，只有在施用农药的边际收益与边际成本相等的情况下，农药施用量才是最优施用量，但如果前者低于后者，则认为农药过量施用。二是技术意义上的过量，即施用了比实际需求多的量，如未按照农药标签的规定用量和操作规程来使用农药所致的过量、错过最佳用药时机所致的过量等。因此，本书将从两个角度对稻农的农药过量施用进行界定：在水稻种植中，稻农每增加一单位农药投入所带来的边际收益低于边际成本时的农药施用量，则为农药过量施用；当农户的单次用药剂量超过农药标签的规定，也为农药过量施用。

（4）安全用药行为。本书认为，广义的安全用药行为，一方面是指农业生产活动中，农户在打药过程中佩戴防护口罩、防化服、防化手套等防护品且避免高温、下风口喷药等的系列防护行为措施；另一方面是指在农业生产活动中，农户在合理的农药使用量和安全的用药间隔期作用下保障农产品质量安全的用药行为。本书主要研究狭义的安全用药行为，主要是指在农业生产活动中，农户是否采用合理的农药使用量和安全的用药间隔期等安全用药行为，能否保证农产品的质量安全。

3.2 基于农户行为理论的稻农施药行为分析

关于农户行为理论的研究，主要涉及三大学派，具体如下。

（1）组织生产流派以恰亚诺夫（Chayanov，1923）为代表，他认为在小农经济条件下，农户生产的主要目标是家庭消费，农户会在满足家庭消费需求和劳动辛苦程度二者之间均衡决策出家庭劳动投入量，遵循着自身的逻辑和原则。因此小农经济具有保守、非理性等特征。斯科特（Scott，1976）秉承恰亚诺夫的思想，提出农民的道义经济学，认为农户的经济行为出于道德而并非理性，他们追求安全偏好高于利益偏好，将"生存"和"安全"视为第一生产原则，他们更看重较低的潜在风险与较高的生存保障，而并非收入最大化。

（2）理性小农流派以舒尔茨（Shultz，1964）为代表，认为农户是"理性小农"，会像资本主义企业家一样，重视农业生产要素的配置效率，他们会在经济利益的刺激下进行技术革新改造传统农业，其行为是理性的。波普金（Popkin，1979）认为，农户的行为其实并非没有理性，实际上他们是权衡利益、追求目标、合理决策的理性经济人。

（3）历史流派以黄宗智（1986）为代表，他提出了"拐杖逻辑"，认为种植收入和兼业收入共同构成了我国小农家庭的总收入，其中小农的非农兼业收入是农业种植收入的"拐杖"。他提出了商品小农理论，认为即使是在边际报酬很低的条件下，农户继续投入劳动的概率仍较大。

在农业生产过程中，多种因素影响并制约着稻农施药行为的规范性与合理性，主要涉及农户自身的认知水平、生产环境的多边性、市场信息的不完全性等方面。本书关于稻农施药行为的研究中，稻农的施药行为是在他所限定技术条件下的最优行为。在病虫害本身或者其抗药性增强的压力下，为了维持水稻产量的稳定，农户会通过增加施药次数或者增加单次的用药剂量来保证产量。由于对农药技术和知识缺乏，加之农户的文化程度较低，对于农药类型的选择可能会出现错误或偏差，出现药不对症、低效使用的状况。

整体来看，稻农的农药施用行为决策主要受到以下几方面约束。

第一，自身禀赋限制。稻农基本以经营规模较分散的小农户为主，他们整体文化水平偏低，在安全用药行为方面知识匮乏、认知水平不高，基本没有掌握与处置社会资源的能力，特别是在对新型植保器械和技术上接受程度较低。因此，稻农对施药行为中的信息、知识和技术等内容的获取、接受和利用的过程都被自身能力所限制，与此同时也将自身知识和沟通能力等内容反限制于他人，最终导致其施药行为的约束和受限。

第二，外部环境制约。稻农作为社会人，其施药行为受到了社会、经济、政策等外部环境因素的共同影响。水稻这一农产品收购市场的优良与否、农资经销商专业与否、统防统治与病虫害综合防治的政策要求、土地政策制度和农业组织化经营发展程度等方面均对稻农的用药行为决策具有很大的影响。稻农是有限理性的，他们的生产目标就是追求利润的最大化，当政府针对水稻农产品中农药残留超标的问题，实施严格的命令控制政策，稻农会选择遵守章程，其生产过程基本是质量安全的行为控制过程。当市场体系逐步健全，优质优价的机制能够促进稻农施药行为的环保、规范，通过向市场供给高质量农产品而获得更高的市场收益。总之，农户施药行为的理性选择过程是对几乎一切资源配置的权衡后进行的选择，是在考虑自身能力、外部环境的影响后采取的相对明智的决定。

3.3 基于行为经济学理论的稻农施药行为分析

行为经济学的核心在于对行为主体的决策行为重新进行模式化，并对其心理基础进行充分的经验检验。其实质就是通过构建与心理学事实相契合的决策模型，基于行为主体的现实决策过程，相应地分析具体经济行为或现象。对于稻农而言，其施药行为的经济现象便是来自具有有限理性行为决策的行为主体的行为。由于稻农是有限理性的并且会被其有限理性所约束，因而在施药行为上，稻农的决策过程会被决策程序和决策情景与稻农心理的互动所影响，进而影响到稻农对施药行为进行决策的结果。同时，稻农对农药知识的学习过程也会引起稻农对施药行为的决策和行为路径的改变，使稻农的有限理性对其施药行为决策的约束程度大大增强。在稻农施药行为的决策方面，本书围绕行为经济学理论的核心主旨进行论证，认为稻农的心理特征、行为模式和决策结果三者之间具有关联性质，它们彼此之间是互动的状态，稻农的施药决策行为是一个动态变化的过程。

规避风险、实现效益最大化是行为主体的根本目标。为解决风险条件下的决策问题，阿耶兹（Ajzen）和菲什拜因（Fishbein）在 1977 年共同提出了理性行为理论。基于该理论，本书认为，稻农的用药意向决定了他们的施药行为，而稻农的主观规范和行为态度又决定了用药意向。其中，行为态度指的是在施药行为执行过程中稻农积极或消极的感受，而稻农对施药行为结果的主观意识也就是信念，和他们对施药行为结果的评价共同决定了这些感受。此外，该理论认为个人的意志力控制了主体行为的发生，但是外部诸多环境因素也影响和约束了个人意志的控制力，所以该理论不能对那种不完全由个人意志力控制的行为进行合理的解释。作为一个整体，稻农决策行为结果的变化是由其中每个稻农主体结果的变化综合而成的，所以只有理解了每个稻农主体的行为，才能理解稻农整体的决策行为。稻农理性行为理论的行为决策过程如图 3 – 1 所示。

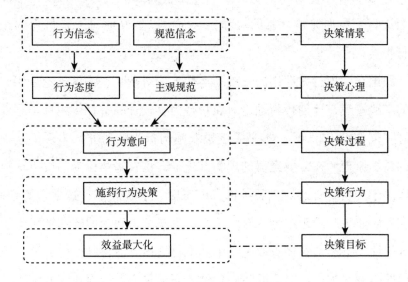

图 3 – 1　稻农理性行为理论的行为决策过程

3.4　基于计划行为理论的稻农施药行为分析

1963 年，菲什拜因通过分析态度和行为之间的相关关系，提出了多属性态度理论。基于此，1975 年，菲什拜因和阿耶兹在其中增加了主观规范这一变量，从而提出了理性行为理论，1985年阿耶兹再次对该理论进行完善，选择增加知觉行为作为控制变量。直到1991年，阿耶兹的《计划行为理论》发布，才标志着计划行为理论发展到成熟阶段。该理论认为，行为作为行为意向的直接结果，被后者直接作用于自身。行为意向又会被行为态度、主观规范和知觉行为控制等因素的综合作用所影响。很多学者对计划行为理论作出了修正和扩展。贝尔格沃特等（Bergevoet et al.，2004）认为农户的行为目标也是在分析农户行为时所要考虑的因素。对计划行为理论的这种扩展，通过不断补充新的影响因素，优化了细节，对人类的各种有计划行为进行了更加完整可靠的解释，从而可以更好地对未来行为的预测进行拟合。

我国在计划行为理论的发展与运用上相对较晚，将该理论运用于我国的实践发现，计划行为理论对农户行为有较好的解释作用且预测效果良好（周洁红，2006）。本书关于稻农施药行为的研究，体现了这一理论的科学原理。在分散经营的现实条件下，稻农施药行为的决策选择主要取决于其当时所处的主观条件，即态度、主观规范、知觉行为控制。稻农在农业生产经营中存在有限理性、生态意识观念薄弱和抗风险能力弱等特性，很多稻农在农业生产中会不自觉地考虑自己以前的种植经验和预期影响水稻产量水平的阻碍条件，当稻农个人认为在农业生产中预期的阻碍越少、掌握的资源越多，就会对行为表现出越强的知觉行为控制力。此外，稻农的性别、文化程度、对农药知识与技术的掌握程度等变量，会通过影响稻农的行为信念来间接作用于自身的行为态度、主观规范和知觉行为控制，并最终影响稻农在水稻生产种植中的行为意向和行为，具体如图3-2所示。

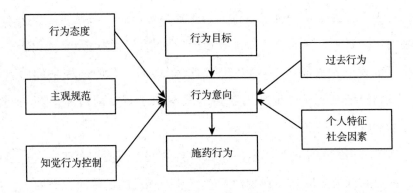

图 3 - 2　计划行为理论分析框架

3.5　稻农施药行为的研究框架

基于上述理论分析，本书构建了稻农施药行为的具体研究框架（见图 3 - 3）。

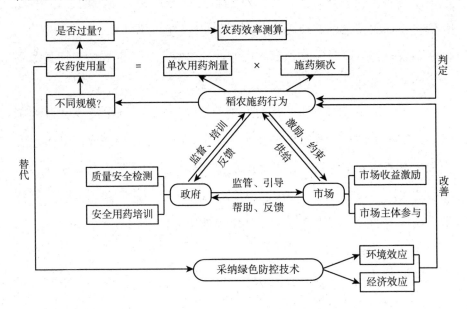

图 3 - 3　稻农施药行为的具体研究框架

首先，行为主体经济决策行为的主要目标就是要规避风险，实现效益最大化。对于稻农而言，保证水稻产量的最优选择就是农药投入，农药使用量大小的衡量在于对农户的单次用药剂量和施药频次的综合判断，而判定稻农是否过量施用农药的根本在于对农药边际生产率的测算。本书以此为基准展开研究。

其次，稻农的施药行为取决于农户自身的农药使用意向，这一意向是由农户的行为态度和主观规范两者所共同决定的。稻农在农业生产活动中，其施药行为会受到多种因素的制约与影响，既包括自身禀赋限制，也包括外部环境制约，如经济因素、社会因素和制度因素的影响，稻农的施药行为是在当前技术条件下实现自身利益最大化的最优行为。本书从农户自身的种植规模视角出发，探究不同种植规模条件下稻农施药行为的差异性；从政府主体出发，研究"质量安全检测""安全用药培训"等不同监管方式下的稻农施药行为的异质性；从市场主体出发，分别将市场收益激励和市场主体参与纳入研究。从以上三大主体入手，判断稻农自身禀赋限制和外部环境制约对其施药行为的影响，这是本书研究的核心所在。

最后，基于舒尔茨的"理性小农"思想，小农会在经济利益的刺激下进行技术创新，改造传统农业。绿色防控技术以保障农产品质量安全和生态环境安全为目标，可兼顾病虫害的防治和化学农药的减量，是典型的农药替代型技术。本书将从替代视角入手，研究稻农绿色防控技术采纳行为的影响因素和经济、环境等效应评价。

3.6　本章小结

本章首先对稻农施药行为、农药过量施用等相关概念进行界定，然后在对稻农施药行为的相关理论进行分析的基础上，构建了对稻农施药行为的具体研究框架，这为下文的研究开展奠定了理论基础。

在概念界定中，本书认为，农药使用量是农药使用剂量与施药频次的乘积，其中，农药使用剂量是单次的农药施用剂量，施药频次是指稻农在水稻的一个生长周期内的施药频次。在相关概念界定的基础上，本书认为稻农施药行为分析应以"施多少""施几次""怎么施"等一系列农业生产中的决策行为作为研究对象，分别对应农户的"单次用药剂量超标""施药频次""阅读农药标签"三个方面的具体行为，综合界定并衡量农户施药行为。

农户是整个农业生产过程的生产者和决策者，基于上述理论分析，我们认为稻农的农药施用行为决策主要受到自身禀赋限制和外部环境制约，稻农作为社会人，其施药行为的理性选择过程是对几乎一切资源配置的权衡后进行的选择，是在考虑自身能力、外部环境的影响后采取的相对明智的决定。

第4章

稻农施药行为的统计分析

4.1 数据来源

4.1.1 调研对象

本书所采用的研究数据主要以实地调研数据为主，全部来自作者 2018 年 7 ~ 8 月的实地调查。主要选择湖北、湖南、江苏、江西和四川 五省作为样本省份。基于本书的研究问题和研究对象，确定本书的调查 对象为水稻种植户即稻农，对稻农的个人与家庭情况、水稻种植过程中 的基本情况和其施药行为以及稻农的态度、认知与意愿进行调查。

4.1.2 问卷设计

针对稻农施药行为的问卷，主要包括四部分内容。

第一部分为稻农基本情况，包括农户个人基本情况、农户家庭情况 和家庭农场情况，涉及户主的性别、文化程度和兼业情况，家庭的劳动 力数量和种植年限，以及地理标志证明商标、是否水稻示范户、是否是 家庭农场及其级别和经营年限等具体方面。

第二部分为水稻种植基本情况，包括种植规模、种植投入和种植收益以及在水稻不同成长时期对病害、虫害与草害的打药次数统计等具体方面。

第三部分为稻农施药行为概况，包括不同时期和不同灾害条件下的施药频次、施药时机、安全间隔期选择和使用剂量选择等具体方面。

第四部分为稻农安全生产的态度、认知与意愿情况，包括稻农对农药残留的认知、对农药技术和知识的重视程度、对安全用药培训的态度、参加农药保险的意愿和用生物农药替代化学农药的意愿以及对绿色防控技术的认知与采纳等具体方面。

4.1.3　数据收集

为保障调研数据的科学性、合理性、典型性和代表性，本书的实地调研综合利用判断性抽样与随机抽样相结合的方法进行。首先，在调研区域的选择上以判断性抽样法为主，为尽量控制品种差异，选择中国南方水稻主产区内的省份作为调研省份，主要包括湖北、湖南、江苏、江西和四川五省。其次，在选定调研省份之后，以随机抽样法选定调研区域内的具体目标对象，尽量选取不同种植结构的农户作为调查对象。此外，问卷的最终填写人必须是农户家庭中主要负责购买农药或者施用农药的家庭成员，从而提高调研内容的准确度，同时避免抽样调查的无效性，如遇文盲等缺乏问卷填写能力的人，则采用调查员与农户的问答式或访谈式填写问卷，并由调研组长督查。

在预调研的基础上，2018 年 7 月开展大样本的正式调研。在调研员的选定上，主要是以调研省份内农业类院校的学生为主，调研团队全面收集了各省水稻种植中稻农的农药使用、个人及家庭概况等信息。实发问卷 750 份，剔除无效问卷后，有效问卷共计 731 份（见表 4 - 1）。

表 4 - 1　　　　　　　　　　样本数量及分布

省份	频数	比例（%）
四川	105	14. 36
江苏	157	21. 48
江西	176	24. 08
湖北	101	13. 82
湖南	192	26. 27
合计	731	100

资料来源：作者实地调查。

4.2 农户个人禀赋特征

通过对农户个人禀赋特征调研数据的统计分析，得到调研对象的性别、年龄、文化程度、兼业状况等基本情况，具体如表 4 - 2 所示。

表 4 - 2　　　　　　　　　　农户的个人特征

统计特征	分类指标	样本数（户）	百分比（%）
性别	男	598	81. 81
	女	133	18. 19
年龄	30 岁及以下	5	0. 68
	31～40 岁	45	6. 16
	41～50 岁	204	27. 91
	51～60 岁	247	33. 79
	61 岁及以上	230	31. 46
文化程度	未上过学	44	6. 02
	小学	247	33. 79
	初中	303	41. 45
	高中及中专	119	16. 28
	大专及以上	18	2. 46
政治面貌	群众	602	82. 35
	党员	129	17. 65

续表

统计特征	分类指标	样本数（户）	百分比（%）
村干部	是	137	18.74
	否	594	81.26
兼业情况	是	479	65.53
	否	252	34.47
农业生产决策者	是	600	82.08
	否	131	17.92
购药者和施药者是否为同一人	是	630	86.18
	否	101	13.82

资料来源：作者实地调查。

（1）性别：男性在农业生产中处于主导地位。在样本中，共有731户稻农，有600户是农业生产决策者，其中男性为512户，占比为85.3%；女性为88户，占比为14.7%。购药者和施药者为同一人的稻农有630户，占比86.2%，其中男性有530户，占比84.1%；女性有100户，占比15.9%。

（2）年龄：稻农趋于老龄化的年龄结构。稻农的平均年龄为55岁，年龄最大83岁，年龄最小26岁，农户的年龄主要集中在40岁以上，40岁以上农户共计681户，占比93.16%，其中在60岁以上的稻农有230户且占比31.46%，这表明稻农趋于老龄化的年龄结构，长达数十年的水稻种植使其经验丰富却也固化了其用药习惯和用药思维。

（3）文化程度：稻农文化程度主要是以义务教育阶段为主。稻农的文化程度集中在小学和初中阶段，共计550户，占比75.24%。其中文化程度为小学水平的稻农有247户，占比33.79%；文化程度为初中水平的稻农有303户，占比41.45%。可以看出现阶段稻农文化程度主要还是以义务教育为主，文盲率和高学历比率都较低，说明稻农对农药使用技术和知识的掌握程度受文化限制较小，但对文化程度要求高的新型农药喷剂和施药技术的接受程度可能较低。

（4）兼业状况：1/2 以上稻农处于兼业状态。被调研的稻农中有
479 户存在兼业情况，占比 65.53%，这一方面促进稻农积极提高水稻
种植中农业的机械化水平，将更多精力投入到非农业部门；另一方面则
可能会引起农业资源利用率和土地生产率一定程度的下降，以及农业劳
动力进一步老龄化和妇女化的现象等。

4.3 农户家庭环境特征

（1）稻农家庭的农业劳动力平均为 2 人，占家庭平均常住人口的
48.05%。绝大多数被调研的稻农都没有加入合作社且未曾对水稻的生
产情况进行记录，也基本都没有进行水稻的"三品一标"的认证，稻
农在病虫害防控中表现出较低的专业化水平，稻农为保证产量自主操控
自家稻米的农药用量，保障水稻质量安全的自觉度就会较低，这不利于
水稻主产省份具有地域特色的优势水稻产业的发展（见表 4 - 3）。

表 4 - 3 农户家庭的统计特征

统计特征	分类指标	样本数（户）	百分比（%）
家庭常住人口	1~2 人	117	16.01
	3~5 人	436	59.64
	5 人以上	178	24.35
家庭农业劳动力	1 人	160	21.89
	2 人	429	58.69
	3 人	79	10.81
	3 人以上	63	8.62
生产记录	是	182	24.90
	否	549	75.10

续表

统计特征	分类指标	样本数（户）	百分比（%）
加入水稻专业合作社	是	187	25.58
	否	544	74.42
水稻示范户	是	130	17.78
	否	601	82.22
水稻家庭农场	是	128	17.51
	否	603	82.49
"三品"认证	无公害认证	33	4.51
	绿色认证	9	1.23
	有机认证	1	0.14
	没有认证	688	94.12
地理标志证明商标	是	16	2.19
	否	715	97.81

资料来源：作者实地调查。

（2）稻农种植水稻的平均面积为 115.93 亩，人均种植面积 55.47 亩，稻农水稻的种植面积主要集中在 0～50 亩之间，累计占比 67.31%。稻农家庭的水稻平均种植年限为 25.8 年，最少种植年限为 0 年，最长种植年限为 68 年。稻农水稻种植年限为 0～10 年的有 201 户，占比 27.5%；11～20 年的有 107 户，占比 16.64%；21～30 年的有 180 户，占比 24.62%；31～40 年的有 143 户，占比 19.56%；在 40 年以上的有 100 户，占比 13.68%（见表 4-4）。72.5% 的稻农拥有 10 年以上水稻种植经验，特别值得注意的是，近 1/3 的稻农拥有 30 年以上的水稻种植经验。这些稻农能够准确、熟练地掌握水稻种植的特点，了解水稻种植过程中病虫害发生的原因和频率等，丰富的水稻种植经验无疑是水稻种植中减施农药的一大优势。

表4－4　　　　　　　　　　水稻种植情况的统计特征

统计特征	分类指标	样本数（户）	百分比（%）
水稻种植面积	0～10 亩	355	48.56
	11～50 亩	137	18.74
	51～200 亩	144	19.70
	200 亩以上	95	13.00
水稻种植年限	0～10 年	201	27.50
	11～20 年	107	14.64
	21～30 年	180	24.62
	31～40 年	143	19.56
	40 年以上	100	13.68

资料来源：作者实地调查。

4.4　农户施药行为特征

4.4.1　稻农的施药强度分析

在样本地区，稻农单位面积的农药投入均值在 97.72 元/亩，每亩最小投入为 0 元，最大的农药投入为 450 元/亩。从表4－5 可以看出，1/3 以上的稻农在生产种植中每亩的农药投入高于 100 元，1/5 以上的稻农农药施用强度在 50 元以内。

表4－5　　　　　　　　　　稻农的农药施用强度分析

农药施用强度（元/亩）	频次	频率	累计频率
50 以内	172	23.53	23.55
50～100	286	39.12	62.65
100 以上	273	37.35	100
总计	731	100	—

资料来源：作者实地调查。

4.4.2 稻农的施药频次分析

据调研数据统计，稻农种植水稻平均每季施药次数为2.78次。按照水稻的生长周期来看，稻农主要将农药用在水稻的分蘖拔节期，平均用药1.4次，占所有时期用药总次数的1/2以上；其次是孕穗期，平均施药1.04次，占所有时期用药总次数的37.41%；最后是成熟期，平均施药0.34次，这一阶段稻农用药次数最少。

按照水稻遭受的灾害来看，稻农在虫害上的施药次数最多，平均每季用药1.32次，占所有时期用药总次数的47.48%；稻农在病害上的施药次数是平均每季1.00次，占所有时期用药总次数的35.97%；稻农在草害上的施药次数是平均每季0.45次，占所有时期用药总次数的16.19%。从表4-6可以看出，稻农的农药使用主要集中在分蘖拔节期的虫害和孕穗期的虫害上，平均每季施药次数均在0.5次以上，分蘖拔节期和孕穗期是水稻病虫草害的多发期，而虫害是稻农在水稻种植中面对的主要问题。

表4-6   不同生长时期、不同灾害条件下稻农的平均施药次数

时期	病害	虫害	草害	总次数
分蘖拔节期	0.48	0.61	0.31	1.40
孕穗期	0.39	0.54	0.11	1.04
成熟期	0.13	0.17	0.03	0.34
总次数	1.00	1.32	0.45	2.78

资料来源：作者实地调查。

4.4.3 不同用药环节的稻农行为特征分析

农药使用行为的复杂性、多样性表现在买药、配药、施药和存药等各个环节中。

（1）买药环节中，本书主要关注稻农的自身决策力与对经销商的

依赖度以及农药标签的阅读率等方面，如表4－7所示。在选择农药品种时，24.76%的稻农选择完全依靠自身经验来选择，44.33%的稻农选择依赖经销商推荐来选择，可见稻农在购买农药环节，一定程度上依赖经销商推荐，说明农药经销商是农户施药行为中的重要一环。

表4－7　　　　　　　　不同用药环节的稻农行为特征

农户用药行为		选项	频次	频率
买药环节	依靠自身经验	是	181	24.76
		否	550	75.24
	依赖经销商推荐	是	324	44.32
		否	407	55.68
	阅读农药标签	是	582	79.62
		否	149	20.38
配药环节	阅读农药标签	是	544	74.42
		否	187	25.58
施药环节	单次用药剂量超标	是	170	23.26
		否	561	76.74
	施药频次（均值＝2.78次）	均值以上	388	53.08
		均值以下	343	46.92
	考虑农药安全间隔期	是	642	87.82
		否	89	12.18
	绿色防控技术采纳	是	179	24.49
		否	552	75.51
存药环节	失效、变质农药是否继续使用	是	57	7.75
		否	674	92.20

资料来源：作者实地调查。

（2）79.62%的稻农在买药环节中会阅读农药标签，74.42%的稻农配药环节会阅读农药标签（见表4－7）。从表4－8可以看出，无论是买药环节还是配药环节，70.31%的稻农都会阅读农药标签，而16.28%的稻农都不会阅读农药标签。这说明，稻农在阅读农药标签方面的行为较为规范，但也存在较大进步空间。另外，在买药时阅读标签、配药不再阅读标签的稻农占比 9.30%，在配药时阅读标签、买药不再阅读标签的稻农占比 4.10%，这说明稻农在买药环节阅读农药标签情况略好于配药环节，但差异较小。

表 4-8　　　　　　　　　稻农买药、配药环节的阅读标签情况

购买农药时阅读农药标签	配比农药时阅读农药标签				总计
	是		否		
	频次	频率	频次	频率	
是	514	70.31	68	9.30	582
否	30	4.10	119	16.28	149
总计	544	74.42	187	25.58	731

资料来源：作者实地调查。

（3）施药环节主要从稻农单次农药使用剂量选择、施药频次的选择、农药安全间隔期的考虑与绿色防控技术的采纳等方面综合考量。在农药剂量的选择上，近 1/4 的稻农会选择多于农药说明书规定的农药剂量，这说明稻农单次的农药剂量存在较为严重的过量行为（见表 4-7）。在施药频次方面，稻农样本总体平均每季的施药次数是 2.78 次，稻农施药频次的最小值为 0 次，最大值为 12 次，在均值（2.78 次）以上的稻农占比 53.08%。在农药安全间隔期的考虑方面，87.83% 的稻农选择在施药环节中考虑安全间隔期，表明稻农对安全间隔期较为重视，用药行为表现出了一定的科学合理性。在绿色防控技术的采纳方面，3/4以上的稻农没有选择绿色防控技术，这说明大多数稻农对对绿色防控技术等新型植保技术的理解能力与接受程度较低，生产种植方式较为传统，这可能导致生产的低效化。

（4）存药环节中，主要关注稻农是否继续使用失效、变质农药这一行为，大多数稻农放弃使用失效、变质农药，行为相对规范，而

7.75%的稻农选择会继续使用失效、变质农药。这说明，在当前稻农整体文化素质偏低的环境中，部分稻农的用药行为存在严重不科学、不安全、不环保等问题，影响着整个农业环境的农产品质量安全。

4.5 考察变量交叉分析

4.5.1 不同个人特征下的农户施药行为特征

整体来看，不同个人特征条件下的农户施药行为具有一定的差异性，如表4-9所示。

表4-9　　　　　　　　　不同个人特征下的农户施药行为特征

农户施药行为	类型	性别		年龄（55岁）[a]		文化水平（初中）[b]		兼业	
		男	女	以上	以下	以上	以下	是	否
单次用药剂量	超标频次	147	23	76	94	116	54	107	63
	比例（%）	24.58	17.29	23.82	22.82	26.36	18.56	22.34	3.42
	不超标	451	110	243	318	324	237	372	189
	比例（%）	75.42	82.71	76.18	77.18	73.64	81.44	77.66	75.00
施药频次	均值	2.92	2.14	2.58	2.93	2.95	2.53	2.66	3.00
阅读农药标签	阅读频次	455	89	207	337	354	190	349	195
	比例（%）	91.18	38.36	64.89	81.80	80.45	65.29	72.86	77.38
	不阅读频次	44	143	112	75	86	101	130	57
	比例（%）	8.82	61.64	35.11	18.20	19.55	34.71	27.14	22.62

注：a、b括号中内容表示各项指标的均值。
资料来源：作者实地调查。

（1）性别。统计结果显示，男性中选择单次农药剂量超标与不超标的人数之比近1/3，女性则在1/5左右。可见，男性比女性更容易在单次用药剂量上超标使用农药。在施药频次方面，男性在每季水稻种植中的平均施药频次为 2.92 次，比女性高出 0.78 次，表现出较大的性别差异。在配比农药时，男性和女性阅读农药标签的概率分别为 91.18%、38.36%，男性表现出了很高的阅读意愿。综上表明，农户在农药施用行为中具有较强的性别差异，男性一方面倾向于超标施用单次的用药剂量、加大施药频次，另一方面也愿意阅读农药标签，表现出了农户施药行为的复杂性。

（2）年龄。现阶段，稻农的平均年龄在 55 岁，据统计 55 岁以上和 55 岁以下的农户在单次用药剂量选择上超标的概率分别为 23.82%、22.82%，差异较小。在施药频次方面，55 岁以上和 55 岁以下的农户的平均施药频次分别为 2.58 次、2.93 次，相差 0.35 次，差异较小。在农药标签的阅读方面，年龄在 55 岁以上和 55 岁以下的农户在阅读农药标签上的概率分别为 64.89%、81.80%，中青年农户更愿意在配比农药时阅读农药标签的具体规定流程，这可能与老年农户和中青年农户两类人之间的文化程度相关。这说明农户年龄只在农药标签的阅读方面有较大影响，对于其他方面的施药行为影响较小。

（3）文化程度。当前，稻农的文化程度主要还是以义务教育阶段为主。在单次用药剂量上，具有初中文化水平以上的农户更倾向于超标施用农药，比初中以下的概率高出 7.8%。在施药频次上，具有初中文化水平及以上的农户的平均施药频次为 2.95，比低水平文化程度的农户要高出 0.42 次。这或许与农户的种植规模有关，调研区域规模户的文化水平一般高于小农户，意味着高文化水平农户的种植目标在于追求产量，而低文化水平的小农户则对农产品"既吃又卖"，会考虑农产品的质量安全。在农药标签的阅读上，具有初中文化水平以上的农户，在配比农药时阅读农药标签的概率为 80.45%，比文化水平较低的农户的概率高出 15.16%。

（4）兼业。据统计，兼业农户与纯农户在单次用药剂量选择上超标的概率分别为22.34%、3.42%，这可能是因为兼业农户在农业生产中投入精力较少，主要依靠农药投入来确保产量。在单次用药剂量方面，男性、兼业农户更倾向于在单次用药剂量上超标使用农药。兼业农户与纯农户的平均施药频次分别为2.66次、3.00次，结合他们在单次用药剂量上的选择可以看出，纯农户偏向于"少量多次"，而兼业农户则偏向于"少次多量"。这是因为兼业农户一般能在农业生产中投入的精力较少，他们需要更多的精力从事非农业生产，因而选择在单次用药剂量上多使用农药，而选择在施药频次上降低打药频率来节省人力投入。在阅读农药标签方面，兼业农户与纯农户在配比农药时阅读农药标签的概率差别不到5%，说明农户的兼业状况对他们阅读农药标签的行为影响不大。

4.5.2 不同家庭环境中的农户施药行为特征

不同家庭环境中农户的施药行为差异如表4-10所示。

表4-10　　　　　　　不同家庭环境中的农户施药行为特征

农户施药行为	类型	农业劳动力（2人）[a]		种植年限（25年）[b]		口粮比例（33%）[c]	
		以上	以下	以上	以下	以上	以下
单次用药剂量	超标频次	37	133	90	80	52	118
	比例（%）	26.06	22.58	22.90	23.67	18.44	26.28
	不超标	105	456	303	258	230	331
	比例（%）	73.94	77.42	77.10	76.33	81.56	73.72
施药频次	均值	3.26	2.66	2.56	3.03	2.53	2.93
阅读农药标签	阅读频次	127	417	270	274	205	339
	比例（%）	89.44	70.80	68.70	81.07	72.70	75.50
	不阅读频次	15	172	123	64	77	110
	比例（%）	10.56	29.20	31.30	18.93	27.30	24.50

注：a、b、c括号中内容表示各项指标的均值。

资料来源：作者实地调查。

（1）农业劳动力。统计结果显示，如果一个农户家庭的农业劳动力达到 2 人以上，那么该农户在单次用药剂量上超标的概率为 26.06%；当家庭的劳动力在 2 人以内，农户在单次用药剂量上超标的概率为 22.58%，两者相差不大。但是在施药频次上，两者的平均施药频次分别为 3.26 次、2.66 次，前者比后者的平均施药频次高出 0.6 次，家庭劳动力较多的农户偏向增大施药频次。家庭的农业劳动力在 2 人以上和 2 人之内的农户，在农药标签的阅读概率上分别为 89.44%、70.80%，前者比后者高出 18.64%。可见，家庭劳动力的数量对农户施药频次、农药标签阅读的影响较大，对单次用药剂量影响较小。

（2）种植年限。调研区域内，农户家庭在水稻上的种植年限一般在 25 年左右。据统计，无论农户家庭的水稻种植年限在 25 年以上，还是在 25 年以下，都不会对他们在选择单次农药剂量上的选择有太大影响，两者差别不大。但在施药频次上，种植水稻时间低于 25 年的农户的平均施药频次为的 3.03 次，高出种植年限较长的农户约 0.47 次。水稻种植年限在 25 年以上与 25 年以内的农户，在农药标签的阅读概率分别为 68.70%、81.07%，后者高出前者 12.37%，说明种植年限较短的农户施药行为较为规范，更偏向于阅读农药标签。

（3）口粮比例。调研区域内，农户家庭的口粮在产量中的比例一般在 33% 左右。据统计，口粮比例在 33%（均值）以上与 33% 以下的农户，在单次用药剂量上超标概率分别为 18.44%、26.28%，后者高出前者 7.84%，说明口粮比例越低的农户，越倾向于超过农药标签规定的单次施用剂量。在施药频次上也是如此，农户家庭的口粮比例占产量的比例越高，农户的施药行为较为规范，越倾向于降低施药频次。在阅读农药标签方面，农户家庭口粮比例的高低对农户阅读农药标签的影响较小。

4.5.3 不同政府监管方式下的农户施药行为特征

（1）质量安全检测。调研区域内，接受过质量安全检测的农户家庭，其单次用药剂量超标的概率为 24.34%，略高于未接受质量安全检测的农户家庭。在施药频次上也是如此，质量安全检测不仅未能降低农户的施药频次，甚至起到反向作用。在阅读农药标签方面，接受过质量安全检测的农户与未接受过质量安全检测的农户的农药标签阅读率分别为 87.50%、70.98%，前者高出后者 16.52%（见表 4 – 11）。

表 4 – 11　　　　　　　不同监管方式下农户施药行为特征

农户施药行为	类型	质量安全检测		安全用药培训	
		是	否	是	否
单次用药剂量	超标频次	37	133	76	94
	比例（%）	24.34	22.97	21.29	25.13
	不超标	115	446	281	280
	比例（%）	75.66	77.03	78.71	74.87
施药频次	均值	3.19	2.66	3.05	2.51
阅读农药标签	阅读频次	133	411	289	255
	比例（%）	87.50	70.98	80.95	56.17
	不阅读频次	19	168	68	199
	比例（%）	12.50	29.02	19.05	43.83

资料来源：作者实地调查。

（2）安全用药培训。在单次用药剂量上，参与过安全用药培训的农户与未参与农户，他们单次用药剂量超标的概率分别为 21.29%、25.13%，后者高出前者 3.83%，说明安全用药培训对农户在单次用药剂量上起到了一定的规范作用。但在施药频次上，经过培训的农户其每季的平均施药频次反而略高于未参加过培训的农户。在阅读农药标签方面，参加过安全用药培训的农户与未参加过安全用药培训的农户的农药标签阅读率分别为80.95%、56.17%，前者高出后者24.78%（见表4-11），培训的积极作用非常明显。

整体来看，现阶段质量安全检测、安全用药培训对稻农施药行为中农药标签阅读的作用比较明显，但在单次用药剂量和施药频次方面的作用有限，甚至产生了反向的影响结果。这可能是因为，现阶段农户应对风险能力较低，对政府安全用药培训存在某种不信任或是认为其实施效果较差，从而导致政府监管背景下，农户仍对农药具有高依赖度的现象。

4.5.4　不同市场主体参与下的农户施药行为特征

（1）加入合作社。调研区域内，加入合作社的农户家庭，其单次用药剂量超标的概率为21.39%，略低于未加入合作社的农户家庭，差别较小。在施药频次上，无论农户家庭是否加入合作社，其施药频次均在2.8次左右。在阅读农药标签方面，加入合作社的农户与未加入合作社的农户的农药标签阅读率分别为80.21%、72.43%，前者高出后者7.78%（见表4-12）。可见，加入合作社对农户施药行为的影响并没有有太大差异，这可能是由于现阶段合作社的发展不成熟，对小农户的吸纳程度较低，合作社这一市场主体尚未能发挥其作用。

表4-12　　　　不同市场主体参与下的农户施药行为特征

农户施药行为	类型	加入合作社		与"质量型"收购商交易		非专业外包防治	
		是	否	是	否	是	否
单次用药剂量	超标频次	40	130	18	152	53	117
	比例（%）	21.39	23.90	12.59	25.85	32.32	20.63
	不超标	147	414	125	436	111	450
	比例（%）	78.61	76.10	87.41	74.15	67.68	79.37
施药频次	均值	2.80	2.77	2.62	2.82	3.48	2.58

续表

农户施药行为	类型	加入合作社		与"质量型"收购商交易		非专业外包防治	
		是	否	是	否	是	否
阅读农药标签	阅读频次	150	394	122	422	140	404
	比例（%）	80.21	72.43	85.31	71.77	85.37	71.25
	不阅读频次	37	150	21	166	24	163
	比例（%）	19.79	27.57	14.69	28.23	14.63	28.75

资料来源：作者实地调查。

（2）与"质量型"收购商交易。本书中的"质量型"收购商特指，在与农户进行农产品交易或收购过程中，相对比较重视农产品的农药残留超标与否的收购商。在单次用药剂量上，选择与"质量型"收购商交易的农户，他们单次用药剂量超标的概率为12.59%。而与非"质量型"收购商交易的农户，其单次用药剂量超标的概率为25.85%，高出前者1倍以上，这说明"质量型"收购商对农户在单次用药剂量上起到了重要约束作用。但在施药频次上，与"质量型"收购商交易的农户，其每季的平均施药频次也略低于与非"质量型"收购商交易的农户。在阅读农药标签方面，与"质量型"收购商交易的农户和与非"质量型"收购商交易的农户，两者在农药标签阅读上的概率分别为85.31%、71.77%，前者高出后者13.54%（见表4-12），约束作用非常明显。这说明，"质量型"收购商这一市场主体在农户施药行为过程中发挥了积极作用，有效规范了农户行为。

（3）非专业外包防治。本书中的"非专业外包防治"是指农户在水稻种植中，将全部或部分稻田的农药施药环节外包出去，外包的对象是非专业化的个体或私人，他们基本以同村或邻村的兼业村民为主，这个群体的组织化水平、植保防治手段与合作社、植保站等专业化的统防统治存在很大的差距，在统防统治中属于非常初级的阶段。在单次用药剂量上，选择非专业外包防治的农户，他们单次用药剂量超标的概率为 32.32%，高出非外包农户 11.69%。在施药频次上，选择非专业外包防治的农户与非外包农户的平均施药频次分别为 3.48 次、2.58 次，前者高出后者 0.9 次。在阅读农药标签方面，选择非专业外包防治的农户与非外包农户，两者在农药标签阅读上的概率分别为 85.37%、71.25%，前者高出后者 14.12%（见表 4 - 12）。当前市场体系并不健全，非专业外包防治还存在很大的改进空间，非专业外包防治的主体多为个体或私人，他们的施药剂量和施药频次直接与自身利益挂钩，而针对这一群体的相关的监管机制缺失，导致了非专业外包防治的较强负外部性。

4.6　本章小结

本章对实地调研中的调研对象、问卷设计和数据的收集进行说明，为保障调研数据的科学性、合理性、典型性和代表性，本次调研在判断性抽样的基础上随机进行样本抽取。

调研区域内，稻农的文化程度主要以小学和初中为主，年龄主要集中在 40 岁以上，男性在农业生产中处于主导地位。同时一半以上的稻农存在兼业情况，这一方面能促进稻农积极提高水稻种植中的机械化水平，将更多精力投入到非农业部门；另一方面则可能会引起农业资源利用率和土地生产率一定程度的下降，以及农业劳动力进一步老龄化和妇女化等现象。

稻农家庭的水稻平均种植年限为 25.8 年，种植经验丰富，稻农能够准确、熟练地掌握水稻种植的特点，了解水稻种植过程中病虫害发生的原因和频率等。但是，稻农的生产种植方式较为传统，病虫害防控专业化水平很低。农药使用行为的复杂性、多样性表现在买药、配药、施药和存药等各个环节中。虫害是样本区域稻农在水稻种植中面对的主要问题，稻农每季平均的施药次数为 2.78 次，单位面积的农药投入均值在 97.72 元/亩。

  整体来看，不同个人特征、家庭环境下的农户施用农药行为具有一定的差异性，主要表现在性别差异、兼业水平差异以及口粮比例差异等方面。现阶段，政府监管对农户施药行为的作用有限，甚至产生了反向的影响结果。

第5章

稻农的农药使用效率测算

5.1 引言

农药是农业生产中的一种重要投入资料，在灭菌、杀虫、控草等方面发挥着重要作用。全球范围内每公顷的农产品，其产量1%的增加都伴随着近2%的农药使用量的增长（Schreinemachers et al.，2012）。随着农业生产的发展，农药是否被过量施用，专家学者们也从未停止对这一问题的研究。本书对此问题进行研究的原因如下。

（1）现有研究对于农户是否过量施药方面存在不一致的观点。大多数研究认为，农户的农药施用量超过了合理用药量，存在过量行为（Huang et al.，2002；朱淀等，2014；姜健等，2017），但也有研究认为事实并非如此，他们认为部分农户也存在施药量不足或零使用现象（Asfaw et al.，2009；Ghimire et al.，2013；Zhang et al.，2015）。在稻农的农药使用中，到底是否存在过量行为值得探究。

（2）大部分研究认为当前农户存在过量施用农药的行为，这一结论与农业生产者是理性人的假定不符，而相关研究给出的解释并不全面，忽略了影响水稻产出的诸多关键因素，可能会导致估计结果的偏误。本书基于现有研究可能的缺失，对稻农的农药边际生产率重新估计，并以此为基础进一步探讨农户非理性施药行为背后可能的原因。

（3）对于农药是否被过量施用这一问题的回答具有深刻的现实意义。这对于减少由于过量施药带来的经济成本、环境污染、消费者与农户自身的身体健康威胁意义深远。

因此，本书将探讨稻农在种植过程中究竟如何决策、如何选择，是否存在过量施药行为，而判别稻农是否过量施用农药的根本在于对农药边际生产率的精确计算。

5.2 农药的边际生产率

农户在水稻的生产种植过程中，究竟是否存在过量施用农药行为？用药过量或不足的程度如何？这一问题的判别根本在于对农药边际生产率的测算。

早期关于边际生产率的研究，往往采用 C-D 生产函数来分析投入要素对农作物产出的影响。在 C-D 生产函数的农药生产边际效率测算中，从最初 1 单位农药投入带来 1 单位以上的收益，到 1 单位农药投入带来低于 1 单位的收益，呈现下降趋势。但 C-D 生产函数本身隐含着产出弹性不变的假设，导致在测算农药生产边际效率中的局限性，这就造成研究结果与现实之间的较大差距。基于此，学者们构建二次函数模型（Miranowsk et al.，1975）和随机系数模型（Teague et al.，1995）对农药的边际生产率进行估计，并在一定程度上克服了 C-D 生产函数在农药边际生产率测算中的缺陷，特别是随机系数模型能够反映随着时间推进生产要素产出弹性的变化情况。

在农业的持续发展、农民的有限理性选择、农药的品种和价格变化以及农作物的抗药性增强等背景下，农业生产中农药的边际生产率在不停地发生变化，但许多研究对于其中的变化规律并不能准确模拟。已有研究并未区分对待损害控制投入与生产性投入，这将导致对农药投入生产率的过高估计或者对其他投入生产率的低估，因此，利希滕贝格等（Lichtenberg et al.，1986）提出损害控制模型（damage control model）来估计农药的边际生产率。巴布科等（Babcock et al.，1992）和钱伯斯等（Chambers et al.，2010）利用 C-D 生产函数与损害控制生产函数的估计结果对比分析农药边际生产率，证实了 C-D 生产函数可能高估农药生产率、损害控制模型更具说服力的结果。

本书的农药边际生产率就是指在生产过程中每增加 1 单位的农药投入所能增加的水稻生产量，通过对生产函数求一阶导数得到。如果农药的边际生产率过低或接近零，则表明在生产过程中农药的继续投入并不会带来水稻产值的增加，当前的农药投入已经达到饱和或接近饱和状态。假设所有稻农都是理性的经济人，他们都会选择以水稻种植中的利润最大化为根本目标。那么，稻农的目标利润函数为：

$$\prod = \max_z p_y F(X,Z) - \sum_i r_i X_i - p_z Z \qquad (5.1)$$

其中，$\prod$ 表示稻农的农业生产净收益；$F(X,Z)$ 为生产函数，表示水稻的总产量；p_y 表示稻米价格；X_i 表示除农药投入外的一系列生产性投入，r_i 表示 X_i 的价格；Z 表示农药投入，p_z 表示农药的价格。在完全竞争的市场条件下，农药投入的最优一阶条件满足：

$$p_y F_z(X,Z) = p_z \qquad (5.2)$$

式（5.2）中，F_z 表示对 Z 的一阶导数，根据微观经济学理论，$p_y F_z(X,Z)$ 为农药的边际产品价值（value of the marginal product，VMP），

表示每增加使用 1 单位农药增加的收益。因此稻农的农药边际生产率表示为每增加 1 单位农药投入量所增加的水稻收入与农药价格的比值，即 VMP/p_z。只有当 VMP 等于 p_z 时，才可获得最大利润，这意味着 $VMP/p_z = 1$ 表示用药达到最优；$VMP/p_z < 1$ 表示用药过量，减少农药施用才能提高利润；$VMP/p_z > 1$ 表示用药不足，增加农药施用才能增加利润。

5.3 模型构建与变量选择

5.3.1 C-D 生产函数模型构建

早期一般采用 C-D 生产函数来分析投入要素对农作物产出的影响。C-D 生产函数模型可表述为：

$$Q = F(X,Z) = e^{\alpha} \prod_{i=1}^{n} X_i^{\beta_i} Z^{\gamma} e^{\mu} \qquad (5.3)$$

其中，Q 表示水稻的产值；Z 表示农药的投入；X 表示一系列的生产性投入，如化肥投入、种苗投入、劳动力投入、机械投入等；α、β、γ 为系数。

然而，后期的一些研究认为，不同要素投入会通过直接增加和减少损失两种方式来作用于产量，其中种苗、化肥、机械等要素投入都是直接增加产量的因素，农药则是通过作用于病虫害等来减少产量损失。在 C-D 生产函数中，并未对农药与其他要素投入加以区分，因此，如果使用 C-D 生产函数似乎并不恰当。

5.3.2 风险控制生产函数模型构建

利希滕贝尔格等（Lichtenberg et al., 1986）提出的损害控制生产函数具体表述为：$Q = F[X, G(Z)]$。Q 表示水稻的产值；$F(X)$ 表示 C-D 生产函数；X 表示一系列其他生产性投入，如化肥投入、种苗投入、劳动力投入、灌溉投入等。$G(Z)$ 表示损害控制函数，有四个函数分布形式，本书选择 Weibull 函数形式进行估计①，其表达形式如下：

$$G(Z) = 1 - \exp(-Z^\gamma) \qquad (5.4)$$

在损害控制函数中，变量一般选择产值和投入要素成本，而非产量和要素投入量。同时，由于农药的防治对象（如病害、虫害、草害及生长调节等）和加工剂型的不同，农药的品类和规格繁多且具体用药数值的单位不统一，导致在微观调研中难以对农药投入量进行精确计算，且农户对生产中投入的农药成本更为敏感。因此，选择利用水稻产值和投入要素的成本对农药边际生产率进行估计。在此基础上，建立损害控制模型的回归方程，如下：

$$\ln Q_i = \alpha + \sum \beta_i \ln X_i + \ln G(Z) + \sum \theta_j C_j + \mu \qquad (5.5)$$

其中，Q_i 为第 i 个稻农的种植收入，C_j 代表一组控制变量，α，β 和 θ 均是待估参数，μ 是误差项。在模型中，因变量为稻农的种植收入，自变量主要包括农药投入（Z）、化肥投入、种苗投入、劳动力投入、灌溉投入、机械投入、其他物质投入等。

将式（5.5）左右两边分布对 Z 求偏导，得出农药边际生产率：

$$\frac{\partial Q}{\partial x} = \gamma \cdot \frac{\bar{Q}}{G(Z)} \cdot \frac{\partial G(Z)}{\partial Z} \qquad (5.6)$$

---

① 在四种分布中，Pareto 分布的模型隐含着产出弹性不变的条件，因此本研究不予采纳该分布。在实证研究中，除 Pareto 分布外，其余三种分布都曾被应用于实证分析中。但由于没有确切的理论依据表明选择哪种形式是最好的，可根据拟合度较好、计算简便的原则，选择其中的一种，而本研究中 Weibull 分布对数据的拟合效果较好，予以采纳。

整体来看，在对农药边际生产率的测算中，已有研究主要采用C-D生产函数（Headley，1968；Fischer，1970；Campbell，1976；Carpentier et al.，1995）和损害控制生产函数（Huang et al.，2002；朱淀等，2014；Lichtenberg et al.，1986；Huang et al.，2000；李昊等，2017）等方法，而事实是水稻的产出受生产性投入与损害控制投入两者的共同影响。在农业生产活动中，农药投入与其他投入不同，它并不能直接增加农作物的产量，而是作用于病虫害来减少由病虫害所引起的农作物产量损失，如果将农药投入当作风险控制投入进行估算，则可克服C-D生产函数的缺陷。综上所述，在对农药边际生产率的测算中，损害控制模型更科学、更精确。但为了保证估计出的农药边际生产率更为客观、准确，本研究将采用C-D生产函数和损害控制生产函数两种方式共同进行测算。

5.3.3　变量选择

　　在农药边际生产率测算中，因变量为稻农的种植收入，自变量除了化肥投入、种苗投入和劳动力投入等变量外，还引入一些额外控制变量，包括农户的兼业情况、种植年限、技术指导以及收购商关注点等。同时纳入省份虚拟变量，从而控制样本所处不同省份的政策、土壤等宏观因素，如表5-1所示。

表5-1　　　　　　　　　农药边际生产率测算的变量释义

变量		定义与赋值	均值	方差
产出变量	种植收入	连续变量；每亩水稻种植收入（元）	1233.97	291.88
投入变量	农药投入	连续变量；每亩农药成本（元）	97.72	63.63
	化肥投入	连续变量；每亩化肥成本（元）	146.01	73.33
	种苗投入	连续变量；每亩种苗成本（元）	75.46	47.24

续表

变量		定义与赋值	均值	方差
投入变量	劳动力投入	连续变量；每亩劳动力成本（元）	113.04	160.87
	灌溉投入	连续变量；每亩灌溉成本（元）	22.43	31.09
	机械投入	连续变量；每亩机械成本（元）	200.55	119.50
	其他物质投入	连续变量；每亩其他物质成本（元）	30.51	105.19
控制变量	兼业	是否兼业：是 =1，否 =0	0.66	0.48
	种植年限	农户水稻的实际种植年限（年）	25.80	15.49
	技术指导	是否受到用药技术指导：是 =1，否 =0	0.54	0.50
	收购商的关注点	在收购过程中，收购商更关注稻米的什么特征：内在特征 =1，外部特征 =0	0.20	0.40

资料来源：作者实地调查。

5.4 实证结果

损害控制模型具有非线性的特征，在损害控制模型中采用最小二乘法对农药的边际生产率进行估计，对 C-D 生产函数运用普通最小二乘法进行估计。在损害控制模型中，Logistic 分布和 Exponential 分布的模型迭代不收敛，所以本书只列出 Weibull 分布的估计结果如表 5 - 2 所示。其中，第（1）栏和第（3）栏是自变量包括农药投入、化肥投入等基本投入要素的估计结果，第（2）栏和第（4）栏为加入控制变量后的回归结果。

表 5 - 2　　　　　　　　　　回归估计结果

变量	C-D 生产函数模型		损害控制模型（Weibull 分布）	
	(1)	(2)	(3)	(4)
农药投入	- 0.011 *	- 0.017 **	—	—
	(0.007)	(0.007)	—	—
γ	—	—	- 0.020 *	- 0.029 ***
	—	—	(0.011)	(0.011)

续表

变量	C-D 生产函数模型		损害控制模型（Weibull 分布）	
	(1)	(2)	(3)	(4)
化肥投入	−0.013	−0.013	−0.013	−0.013
	(0.010)	(0.010)	(0.010)	(0.010)
种苗投入	0.008 *	0.007 *	0.008 *	0.007 *
	(0.005)	(0.004)	(0.005)	(0.004)
劳动力投入	−0.005	−0.003	−0.005	−0.003
	(0.003)	(0.003)	(0.003)	(0.003)
灌溉投入	0.002	0.002	0.002	0.002
	(0.002)	(0.002)	(0.002)	(0.002)
机械投入	0.009 ***	0.009 ***	0.009 ***	0.009 ***
	(0.002)	(0.002)	(0.002)	(0.002)
其他物质性投入	0.003	0.002	0.003	0.002
	(0.002)	(0.002)	(0.002)	(0.002)
兼业		−0.036 **		−0.036 **
		(0.014)		(0.014)
种植年限		−0.001 **		−0.001 **
		(0.000)		(0.000)
技术指导		0.021		0.021
		(0.016)		(0.016)
收购商的关注点		−0.046 **		−0.046 **
		(0.018)		(0.018)
常数项	7.065 ***	7.181 ***	7.476 ***	7.551 ***
	(0.049)	(0.057)	(0.062)	(0.064)
省份	控制	控制	控制	控制
样本量	731		731	
调整 R^2	0.455	0.470	0.455	0.470

注：***、**、* 分别表示变量在 1%、5% 和 10% 置信水平下显著，括号内为标准误，下同。

资料来源：作者实地调查。

总体来看，C-D 生产函数模型和损害控制模型的变量系数较为相近，无论在哪种模型中，农药投入对于稻农的种植收入均有显著影响。从估计结果来看，在加入控制变量的回归结果中，C-D 生产函数的农药投入变量的系数和 Weibull 分布的 γ 值分别在 10% 和 1% 的水平上显著且为负，说明当前的农药投入不仅不会提高稻农的种植收入，反而起负向作用，这意味着稻农必须适当减少农药的施用量。根据表 5-2 的估计结果，利用已构建的具体的损害控制生产函数的方程，将 Weibull 分布的函数形式和相关投入要素等变量的均值代入，得到的农药边际生产率（VMP/p_z）为 -0.2143。同样，根据 C-D 生产函数回归估计结果计算出的农药边际生产率仍接近于 -0.2032。

上述结果表明，稻农每继续增加 1 元农药投入，收益将减少 0.2 元，这个实证结果基本与调研区域农户介绍的情况一致，部分农户曾提到"怎么打药都治不住""打药量增加，产量却不见增加，有的甚至越来越差"，其实这是因为农药的大剂量投入和高频次使用，造成了病虫害抗药性的增强。抗药性越强，病虫害越多，农户的农药使用量就越多，形成了病虫害与农药投入之间的恶性循环，因此，农户的农药投入造成了种植收益的减少，这与许多已有研究的结果是一致的。

关于其他投入变量，从估计结果可看出，除了农药投入之外，种苗投入和机械投入也分别在 10% 和 1% 的水平上显著作用于水稻的种植收入，方向为正，这说明，现阶段种苗投入和机械投入的增加，能促进农户水稻种植收入的增加，而其他投入的增收效果并不显著，以上结论与 C-D 生产函数模型的估计结果一致。

在控制变量中，从损害控制模型的估计结果可看出，兼业、种植年限和收购商的关注点这几个变量，均在 5% 的水平上显著负向作用于水稻的种植收入；技术指导这一变量虽然系数为正，但并不显著。以上估计结果可能的原因是，在水稻种植中，种植收入是非兼业者的主要收入来源，非兼业者会比兼业者投入更多精力进行水稻生产，因此水稻种植收入更高。种植年限较长的农户，多为传统农户，受自身文化水平限制和信息不对称等外部环境约束的影响较大，故而在水稻种植中的收入偏低。收购商越关注稻米的农药残留与否等内在特征，农户的水稻种植收入越低，这个结果可能的原因有两点，一方面，在收购商的约束下，农户会被动减少农药使用量，用部分产量损失的代价换取农产品的高品质；另一方面，面对收购商的约束，农户却并未在生产过程中采取任何应对措施，因此只能接受农产品收购时收购商给出的低价。

5.5　本章小结

本章分别运用 C-D 生产函数模型和损害控制生产函数模型来估算农户在水稻生产过程中农药的边际生产率，并在对农药投入和化肥投入等基本投入要素的自变量回归估计的基础上，加入控制变量进行对比分析。通过损害控制生产函数（Weibull 分布）和 C-D 生产函数的分析结果测算，表明农户在水稻生产过程中存在严重的农药过量施用行为，这与先前研究者的研究基本一致。

稻农在生产种植过程中，投入过多的农药却不能得到更好的病虫害防治效果，反而造成经济成本增加、面源污染、消费者与农户自身的身体健康面临威胁，这不符合"理性人"假设。那么，究竟是何原因造成当前稻农过量施用农药的现象呢？下面将从农户自身、市场主体、政府监管三方面出发，深入探讨稻农在种植过程中究竟如何决策、如何选择，以及不同研究视角下稻农行为的异质性如何。

第 *6* 章

不同规模稻农施药行为的
比较分析

从不同种植规模视角来看,规模户和小农户可能会在市场利益的驱动下,根据自身条件和资源变动而改变用药行为。随着规模经营比重的不断提升,理清规模户和小农户在水稻种植中的用药行为差别,掌握其各自的农药投入机制与规律,对于提高农药防治效率、判断农药减量趋势等均具有重要的理论和现实意义。

6.1 文献回顾

6.1.1 现有对规模经营和农户施药行为关系的研究

农药使用量取决于单次的施用剂量和施药频率两方面,可以说是二者的综合结果。现有研究表明水稻生产中农药的实际用量比最优用量高约一半左右(Huang et al.,2000;Elahi et al.,2019),但是大多数研究都未从严格意义上区分和对比规模户和小农户，只对农户整体的用药量作出评价。研究发现，小农户与规模户之间的用药行为具有明显的差别（Zhou et al.，2009；侯建昀等，2014），但学者对农户施药行为和规模经营的相关关系见解不一。

有学者认为经营规模对农户的农药使用具有正向作用，规模越大的农户其农药集约度越大（刘成武等，2018），当农户拥有更多种植面积时就更倾向于增加农药的使用量（Migheli，2017）。这种差异可能与他们的生产目标有关，小农生产多以自用口粮作为生产目标，比较在意食物的安全，而规模户生产的市场供给特征明显，更注重土地的高产与增收（刘成武等，2018）。因此，种植面积较大的农户家庭更依赖稳定的种植收入，容易过度使用农药（Zhao et al.，2018）。

但也有学者认为经营规模对于农药的使用具有显著负向影响（Xu et al.，2013；侯建昀等，2014），规模户的农药使用效率要高于小农户，即便小农户家庭的某一块地块的农药量足够，小农户也会经常将其他地块的剩余农药继续喷洒在该地块，只是因为不同地块间距离较近（Feola et al.，2010）。而且规模户往往拥有更丰富的施药知识和技能，同时受政府和市场的监督力度更大，所以比小农户更倾向于规范施用农药，更愿意尝试应用生物农药和高效低毒低残留农药（应瑞瑶等，2017）。

从两种相对立的观点可以看出，农户的用药行为是一个复杂的综合体，但目前的研究更多聚焦于农户的安全用药行为（Sharifzadeh et al.，2019；Akter et al.，2018；Bagheri et al.，2019）及风险感知与用药行为的关系（Jallow et al.，2017；Schreinemachers et al.，2017），对不同种植规模农户的用药行为差异的根源探究尚不多见。基于上述分析，可知在水稻种植中，规模户和小农户的用药行为存在明显差异。

6.1.2 影响因素分析

基于农户行为理论、计划行为理论和已有的相关研究，本书认为，规模户和小农户的用药行为差异是众多因素综合作用的影响。

（1）口粮比例。口粮比例可能是规模户和小农户用药行为差异的根本因素。虽然威廉姆森等（Williamson et al.，2008）并未承认口粮比例的影响，认为即便是"自给自足"的小农户，也会选择在作物中使用大量农药，而不会考虑这一作物的价值较高还是较低。但本书认为，规模户家庭的水稻产量基数较大，口粮比例相对较小甚至为零，所以其农药使用行为受口粮是否安全的影响较小。也就是说，口粮为主的稻农其用药方式相比利润为主的稻农，更为安全、绿色、环保（黄炎忠等，2018），规模户作为利润型农户可能会使用更多农药。

（2）产量效应。产量效应是农户作出是否使用农药、使用多少农药量等行为决策的直接原因。一般而言，对作物产量更为依赖的农户倾向于规避风险（Feola et al.，2010），相比小农户，规模户更依赖于稳定的农业产量和收入，所以更易过量用药（Zhao et al.，2018）。因此，不使用农药对产量影响较大的农户倾向于使用过量农药，即产量效应对农药使用量有正向影响。

（3）种植经验。种植经验丰富的农户，他们更清楚地知道农药施用的危害（Abdollahzadeh et al.，2015），也更有可能意识到农药对人类健康和生态环境的危害（Hashemi et al.，2012），可见，种植经验对农户农药的适量使用有积极作用（Isin et al.，2007）。这意味着，种植经验丰富的农户过度使用农药的可能性很低，种植经验与农药使用强度之间存在负相关关系（Jallow et al.，2017）。本书调研区域的小农户一般都有30年以上的水稻种植经验，他们能够准确、熟练地掌握水稻种植的特点，了解水稻种植过程中病虫害发生的原因和频率等，而规模户以新农民为主，他们种植经验较少。

（4）加入合作社。合作社在农业产业化经营中发挥着重要作用，为农民提供生产指导和农资购买等服务，一方面，可有效增强农业生产经营中农民的组织化程度，克服小生产与大市场之间的矛盾；另一方面，可有效规范和约束农户行为。过度使用农药会导致信息失真或信任度低。已有研究也证实合作社和非合作社社员在农药的使用上存在明显差异（Al Zadjali et al.，2014），合作社不仅促进了农药使用效率的提高，而且降低了社员对高毒、禁用农药的使用（Zhou et al.，2009），也在一定程度上降低了农药的密集使用（Feola et al.，2010）。这是因为合作社成员在农药使用相关信息的提供和信任方面都具有优势，会最大限度地降低农药使用量（Jin et al.，2015）。但是，当前规模农户中有44.86%的农户加入了合作社，而小农户入社比例不足20%，说明合作社的成员基本以规模户为主，对小农户的吸纳程度较低，内部结构不平衡。

（5）收购方的关注点。收购方的关注点是指收购商在收购稻米过程中，对稻米内在特征和外在特征的关注与否。其中，外部特征包括农产品外观、大小、形态等，内在特征包括蛋白质、维生素、钙等营养元素的含量和结构比例以及农残超标与否特质等。在农产品质量的内在品质中，最重要的一点就是农产品的安全性，即在农产品的生产过程中，农药、化肥等化学品投入的残留与否。如果收购商在收购中更关注稻米的外在特征，农户势必会加大农药施用量来保证稻米更好的外观与形态特征。但是，相比小农户，规模户在收购市场上更具有话语权，受收购商的约束作用较小。

（6）质量安全检测。在质量安全检测方面，政府的检测力度越强，农户过量施用农药的行为越少（代云云等，2012）。政府的检查频率、政府的惩罚力度、农户的组织化程度以及市场主体的约束等因素，对农户的安全生产行为都有显著的作用（代云云，2013），但在众多影响因素中，政府的监管作用是最有效的。当政府或组织机构对农户的农药选择、农药施用量进行监督管理时，农户根据规定要求理性施用农药、规范自身行为的概率大大提高。当前，规模户和小农户接受质量安全检测的程度并不一致，大规模农户中有 39.10% 的农户接受过质量安全检测，而小农户中仅有 11.68% 的农户受到过检测，说明政府对规模户施药行为的约束力度更大。

因此，本章试图回答以下问题：（1）在水稻种植中，规模户和小农户的用药行为是否存在明显差异？规模户是否会使用更多的农药？（2）随着经营规模的增加，稻农在农药使用量上的边际投入究竟是递增还是递减？规模户和小农户在单次用药剂量上和施药频次上有何不同选择？（3）规模户和小农户的农药使用行为受到何种因素的影响？下面将对以上问题进行分析，探究规模户与小农户行为的差异及其影响因素，这对于掌握不同规模农户的用药规律，保障农产品的质量安全具有重要作用。

6.2　数据分析

6.2.1　样本区域

在调研中，样本是按照调研地小农户与规模户的比例及数据的可获得性分层随机抽取的，两种不同规模农户的样本分布如表 6-1 所示，小农户子样本数量为 488 户，占总样本的 66.76%；规模户子样本数量为 243 户，占总样本 33.24%。对规模户的界定，本书依据 2013 年农业部对全国种粮规模户进行摸底调查时所使用的标准，即北方经营耕地面积 100 亩，南方经营耕地面积 50 亩。由于本书的抽样地区均在南方，因此界定规模户为年内实际投入水稻生产的耕地面积在 50 亩及以上的农户，农户经营的耕地包括农户承包耕地和流转耕地。

表 6 – 1   样本区域分布

类型	样本分布	比重（%）
大户（243）	湖南（131）、江苏（58）、江西（52）、四川（2）	33.24
小户（488）	湖南（61）、江苏（99）、江西（124）、四川（103）、湖北（101）	66.76

注：括号内为样本数量（户）。
资料来源：作者实地调查。

6.2.2　规模户和小农户施药行为的差异

稻农的农药使用行为具有复杂性与多样性，在用药行为中，规模户和小农户是否有所差异呢？

在单次用药剂量上，近 1/4 稻农会超标（超过农药标签上的规定剂量），规模户占其子样本量的比重是 27.98%，比小农户多 7.08%。在每季水稻的施药频次中，稻农总体的均值是 2.78 次，规模户平均为 3.5 次，小农户为 2.42 次[①]，规模户高于小农户 1.09 次；其中高于均值的规模户占比 71.6%，比高于均值的小农户多出 27.75%，差异较大。在农药安全间隔期的考虑方面，规模户占其子样本量的比重是 91.36%，

---

① 在实地调研中，对于稻农在水稻每季生产种植中的施药频次统计，主要包括种子期、分蘖拔节期、孕穗期和齐穗收割期等四个阶段，其中种子期是将农户的浸种或拌种的用药次数统计在内。但基于大户一般有培育秧苗、小户只购买秧苗的现实状况，将种子期的施药次数进行大户和小户对比并不合理。因此，我们只使用大田时期的用药次数，包括分蘖拔节期、孕穗期和齐穗收割期三个时期，用来进行大户和小户的用药行为对比分析。

小农户为 86.07%，可见，二者在考虑安全间隔期方面的比重相近，差异较小。在绿色防控技术的采纳方面，占总样本 24.49% 的稻农选择了一种或者多种绿色防控技术，规模户占其子样本量的比重是 37.04%，小农户占比 18.24%，规模户高出小农户 18.8%，差异较大（见表 6 - 2）。以上结论同样可从表中的卡方检验看出，不同规模农户在打药环节的行为差异显著，特别是在施药频次和绿色防控技术的采纳上差异较大（见表 6 - 2），在农药使用剂量超标和考虑农药安全间隔期等方面差异较小。

表 6 - 2   不同种植规模稻农的施药行为对比

施药行为	类型	频次	占子样本量的比例（%）	占总样本量的比例（%）	卡方检验
单次用药剂量超标	规模户	68	27.98	9.30	4.5586 **
	小农户	102	20.90	13.95	
施药频次（在均值 2.78 次以上）	规模户	174	71.60	23.80	79.5281 ***
	小农户	214	43.85	29.27	
考虑农药安全间隔期	规模户	222	91.36	30.37	4.2494 **
	小农户	420	86.07	57.46	
绿色防控技术采纳	规模户	90	37.04	12.31	31.0053 ***
	小农户	89	18.24	12.18	

注：*** 、** 分别表示变量在 1%、5% 置信水平下显著。
资料来源：作者实地调查。

　　总体而言，规模户对绿色防控技术等新型植保技术的理解能力与接受程度明显高于小农户，其生产行为的专业性与规范性明显，但是规模户也更倾向于加大单次农药使用剂量和施药频次；而单次农药剂量与施药频次的乘积正是稻农的农药使用量，这表明规模户的农药使用量要高出小农户。规模户到底为何一面积极采纳绿色防控技术来降低农药使用量，一面又加大农药使用剂量和增加施药频次，其相悖的复杂用药行为

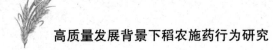

到底受何种因素的影响？

6.3 模型设定与变量选择

6.3.1 变量选择

为探寻稻农用药行为背后的机理，本书从"单次用药剂量超标"和"施药频次"2个指标来综合衡量水稻生产中农户农药施用行为，检验影响不同种植规模稻农用药行为差异的关键因素。农药使用量不仅反映在单次的施用剂量上，还反映在施药频率上（Zhao et al.，2018），是单次用药剂量与施药频次的乘积。

本书对因变量"单次用药剂量超标"行为的界定，以农户的每次农药剂量是否超过农药标签的规定为判别标准，如果超标，则用"1"表示，否则用"0"表示。本书的"施药频次"是以稻米一个生长周期内稻农的施药频次来计量。本书在对规模户和小农户用药行为进行差异性分析的基础上，在单次用药剂量超标行为和施药频次行为的影响因素回归模型中，分别加入不同规模主体类型的虚拟变量"农户类型"作为核心变量，检验在用药行为中规模户和小农户差异的影响因素（规模户=1，小农户=0）。

口粮比例和产量效应很可能是导致规模户和小农户差异的诱因，所以本书将其列入控制变量。借鉴已有研究，本书将种植年限、加入合作社和质量安全检测也列入控制变量中。另外，本书假设收购方的关注点也对农户的农药使用量具有影响，也将其列入控制变量。本书对被解释变量和解释变量作出的具体规定如表6-3所示。

表 6 - 3		农户施药行为的变量释义		
变量		定义与赋值	均值	标准差
因变量	单次用药剂量超标	虚拟变量；农户每次的农药剂量是否超过农药标签的规定：是 = 1，否 = 0	0.23	0.42
	施药频次	连续变量；一个生长周期内稻农的施药频次（次）	2.78	1.74
核心变量	农户类型	虚拟变量；规模户 = 1，小农户 = 0	0.33	0.47
控制变量	口粮比例	连续变量；稻农自家水稻产量中的口粮比例（%）	32.47	37.04
	产量效应	连续变量；农户认为不使用农药所造成的减产损失比例（%）	53.56	25.34
	种植年限	连续变量；稻农的种植经验（年）	25.80	15.49
	加入合作社	虚拟变量；是 = 1，否 = 0	0.26	0.44
	收购方的关注点	虚拟变量；内在特征 = 1，外部特征 = 0	0.20	0.40
	质量安全检测	连续变量；稻米出售前接受的质量安全检测频次（次）	1.06	18.50

资料来源：作者实地调查。

为了检验变量间相关性对模型的影响程度，本书对模型进行多重共线性诊断，检验发现方差膨胀因子 VIF 值均在 1.02 ~ 1.41 之间，VIF 值不超过 10，在可接受的范围以内。

6.3.2 模型设定

1. 单次用药剂量超标行为

因变量"单次用药剂量超标"是二分类变量，且本书调研数据多为离散数据，为更加准确地把握稻农施药行为的特征，本书选择 Logit 模型进行计量分析，模型基本形式如式（6.1）所示。

$$\ln\left(\frac{P}{1-P}\right) = \beta_0 + \sum_{i=1}^{n}\beta_i X_i + \varepsilon \qquad (6.1)$$

其中，P 是稻农单次用药剂量超标行为的概率，X_i 表示影响因变量的第 i 个因素，β 是一组与 X 对应的回归系数，β_0 是回归截距项，ε 是随机误差项。

2. 施药频次行为

因变量"施药频次"为连续变量，其取值是 0 ~ 12 的连续自然数，对于这一类数据，常采用计数模型进行回归。泊松回归是其中典型的一种，而本书中"施药频次"这一被解释变量的均值约等于方差，符合等离散假定，因此，选用泊松回归模型进行实证研究，其表达式为：

$$P(Y_j = y_j \mid x_j) = e^{-\lambda_j} \lambda_j^{y_j} / y_j! \tag{6.2}$$

式（6.2）表示在给定各解释变量 X_j 赋值为 x_j 时，因变量"施药频次" Y_j 取 y_j 值的概率。假设 $E(Y_j \mid x_j) = \lambda_i = \exp(x_j'\beta)$，取对数为 $\ln \lambda_j = x_j'\beta$。其中，$x_j'$ 为自变量组；β 为该估计系数的向量；λ_j 表示事件发生的平均次数；施药频次变化的比率 $\exp(\beta_k)$ 表示解释变量 x_k 增加 1 单位，事件的平均年发生次数将增加多少百分点。

6.4　实证分析

对稻农总体的单次用药剂量超标和施药频次进行分析，从核心变量农户类型的回归系数可知，不同农户类型的农药使用剂量和施药频次显著不同，规模户更倾向于超标每次的农药剂量且加大施药频次，即规模户更趋向于过量施用农药。基于此，本书分别对规模户和小农户的用药行为进行回归分析，发现影响规模户和小农户用药行为的因素不同。但是由于两组估计系数置信区间存在重叠区域，因此无法对比不同农户类型变量的系数大小即影响大小。因此，本书对不同农户类型的系数差异选用引入分组变量（农户类型）与相关解释变量的交叉项进行 Chow 检验，从而判别某个或某几个变量的系数是否存在组间差异。因此，模型设定为：

$$Y_j = \alpha + \gamma ftype_j + \sum \beta_i X_{ij} + \sum \theta_i (ftype_i \times X_{ij}) + \epsilon_j \quad (6.3)$$

其中，Y_j 表示第 j 个稻农的用药行为，包括单次用药剂量超标行为和施药频次选择行为；$ftype$ 表示农户类型，γ 为农户类型的回归系数；X_j 为影响农户用药行为因素的变量，β 为影响因素的回归系数；$ftype \times X$ 表示农户类型与去中心化后各变量的交互项，参数 θ 反映变量 X 在两个样本组中的系数差异。α 为常数项，ϵ 为随机误差项。

6.4.1　单次用药剂量超标行为估计结果

表 6-4 展示了稻农单次用药剂量超标行为的回归结果。

表 6-4　　　　稻农单次用药剂量超标行为的回归结果

变量	模型1	模型2	模型3	模型4	模型5
农户类型	0.447 ** (0.224)	0.482 ** (0.229)	0.458 ** (0.227)	0.608 *** (0.231)	0.817 *** (0.281)
口粮比例	-0.231 (0.260)	-0.208 (0.264)	-0.228 (0.260)	-0.176 (0.263)	-0.154 (0.269)
产量效应	0.727 ** (0.352)	0.707 ** (0.355)	0.728 ** (0.352)	0.637 * (0.364)	0.616 * (0.371)
种植年限	0.004 (0.006)	0.004 (0.006)	0.004 (0.006)	0.004 (0.006)	0.004 (0.006)
加入合作社	-0.243 (0.221)	-0.248 (0.222)	-0.238 (0.222)	-0.265 (0.224)	-0.292 (0.256)
收购方的关注点	-0.834 *** (0.272)	-0.839 *** (0.273)	-0.854 *** (0.284)	-0.828 *** (0.275)	-0.811 *** (0.287)
质量安全检测	-0.011 (0.043)	-0.011 (0.045)	-0.011 (0.050)	-0.049 (0.091)	-0.112 (0.109)
农户类型×产量效应		-0.568 (0.803)			-0.761 (0.830)
农户类型×收购方的关注点			0.161 (0.544)		0.017 (0.555)

续表

变量	模型1	模型2	模型3	模型4	模型5
农户类型 × 口粮比例				1. 309 ** (0. 581)	1. 324 ** (0. 587)
农户类型 × 种植年限					0. 014 (0. 013)
农户类型 × 加入合作社					0. 083 (0. 461)
农户类型 × 质量安全检测					0. 154 (0. 164)
常数项	− 1. 576 *** (0. 307)	− 1. 574 *** (0. 310)	− 1. 583 *** (0. 308)	− 1. 559 *** (0. 306)	− 1. 555 *** (0. 306)
N	731	731	731	731	731
p	0. 001	0. 002	0. 003	0. 000	0. 006

注：***、**、*分别表示变量在1%、5%和10%置信水平下显著，括号内为稳健标准误。
资料来源：作者实地调查。

从表6－4可以看出，单次用药剂量超标行为的估计结果中，p值均在0.01以下，达到较高的显著水平。模型1纳入核心变量"农户类型""口粮比例""产量效应"以及其他控制变量进行估计，来观测农户类型对稻农单次用药剂量超标行为的影响效应。可以看出"农户类型"的主效应估计值为0.447（$p < 0.05$），这说明在其他变量不变的情况下，规模户每次的农药使用剂量超过农药标签的规定的概率比是小农户的1.56倍[$\exp(\hat{\beta}) = e^{0.447} = 1.56$]。"产量效应"和"收购方的关注点"也显著影响稻农的施药频次行为，而"口粮比例"的统计结果不显著。以模型1为基准，在此基础上分别纳入"农户类型"与"产量效应""收购方的关注点""口粮比例"这三个变量的交互项分别进行验证。

模型2纳入"农户类型"与"产量效应"的交互项，旨在检验产量效应对不同规模稻农的单次用药剂量超标与否的影响，即农户认为不使用农药的产量损失程度对不同规模稻农的单次用药剂量是否超标行为的影响。结果显示，"农户类型"主效应的估计值为0.482（p < 0.05），这表明在控制其他变量不变的前提下，与小农户相比，规模户单次农药剂量超标的概率要高出61.9% $[\exp(\hat{\beta}) - 1 = e^{0.482} - 1 = 0.619]$。"产量效应"这一变量的主效应估计值为0.707（p < 0.05），这表明在控制其他变量不变的情况下，产量效应增大对单次农药剂量超标的行为具有促进作用。"农户类型"与"产量效应"的交互项并没有统计显著性，这表明产量效应对稻农单次农药剂量超标行为的影响不存在农户类型的差异，即无论规模户还是小农户，产量效应对稻农单次农药剂量的超标行为都有相似的正向作用。

模型3纳入"农户类型"与"收购方的关注点"的交互项，旨在检验市场收购环境对稻农的单次用药剂量超标与否是否存在农户类型之间的差异。结果显示，"农户类型"主效应的估计值0.458（p < 0.05），这表示控制其他变量不变的条件下，规模户超标单次用药剂量的概率比小农户高出58.1%（$\exp(\hat{\beta}) - 1 = e^{0.458} - 1 = 0.581$）。"收购方的关注点"的主效应估计值为 - 0.854（p < 0.01），表明收购方对稻米内在特征的关注对单次用药剂量超标有显著负向影响，即相比内在特征，收购方如果更关注稻米的外在特征，小农户选择超标单次用药剂量的可能性越高。二者的交互项估计值为0.161，但没有统计显著性，这表明收购方的关注点对稻农单次用药剂量超标与否的影响也不存在农户类型的差异。

模型4纳入"农户类型"与"口粮比例"的交互项，从而验证口粮比例对不同规模稻农的单次用药剂量超标与否的影响。结果显示，"农户类型"主效应的估计值0.608（p < 0.01），即控制其他变量不变

的条件下，规模户超标使用单次用药剂量的概率比小农户要高。"口粮比例"这一变量的主效应估计值为 - 0.176，但并不显著。这表明在不区分农户类型的前提下，水稻产量中的口粮比例对稻农的单次用药剂量超标与否并不构成实质性影响。"农户类型"与"口粮比例"的交互项估计系数为 1.309（p < 0.05），这表明口粮在水稻产量中的比例较大会加强农户类型对单次用药剂量超标行为的影响。

模型 5 纳入"农户类型"与所有变量的交互项，除了"农户类型"与"口粮比例"的交互项在 5% 的水平上对稻农的单次用药剂量超标行为有显著影响之外，其他各项交互项均无统计显著性。这一结果暗示，"口粮比例"这一变量对稻农单次用药剂量超标行为的影响存在农户类型的差异。

6.4.2 施药频次行为估计结果

表 6 - 5 展示了稻农施药频次行为的回归结果。

表 6 - 5　　　　　　　　稻农施药频次行为的回归结果

变量	模型 6	模型 7	模型 8	模型 9	模型 10
农户类型	0.339 *** (0.051)	0.415 *** (0.049)	0.367 *** (0.052)	0.339 *** (0.052)	0.468 *** (0.064)
口粮比例	- 0.079 (0.065)	- 0.078 (0.061)	- 0.062 (0.065)	- 0.081 (0.065)	- 0.064 (0.061)
产量效应	0.521 *** (0.089)	0.467 *** (0.089)	0.523 *** (0.088)	0.523 *** (0.088)	0.472 *** (0.087)
种植年限	- 0.002 (0.001)	- 0.001 (0.001)	- 0.002 (0.001)	- 0.002 (0.001)	- 0.001 (0.001)
加入合作社	- 0.113 ** (0.049)	- 0.124 *** (0.048)	- 0.117 ** (0.049)	- 0.142 ** (0.056)	- 0.142 *** (0.055)

续表

变量	模型6	模型7	模型8	模型9	模型10
收购方的关注点	−0.058 (0.057)	−0.048 (0.056)	−0.061 (0.057)	−0.052 (0.058)	−0.054 (0.062)
质量安全检测	−0.025 (0.022)	−0.049** (0.021)	−0.025 (0.022)	−0.026 (0.022)	−0.061** (0.030)
农户类型×口粮比例		0.722*** (0.119)			0.728*** (0.121)
农户类型×产量效应			−0.398** (0.167)		−0.471*** (0.164)
农户类型×加入合作社				0.110 (0.101)	0.056 (0.098)
农户类型×收购方的关注点					0.039 (0.111)
农户类型×种植年限					−0.001 (0.003)
农户类型×质量安全检测					0.035 (0.048)
常数项	0.724*** (0.077)	0.747*** (0.076)	0.714*** (0.079)	0.721*** (0.077)	0.728*** (0.078)
N	731	731	731	731	731
p	0.000	0.000	0.000	0.000	0.000

注：***、**分别表示变量在1%、5%置信水平下显著，括号内为稳健标准误。
资料来源：作者实地调查。

从表6-5可以看出，模型6纳入核心变量"农户类型""口粮比例""产量效应"以及其他控制变量进行估计，来观测农户类型对稻农施药频次的影响效应。可以看出"农户类型"的主效应估计值为0.339（$p<0.01$），这说明在其他变量不变的情况下，规模户的施药频次是同等条件下的小农户的1.40倍[$\exp(\hat{\beta})=\mathrm{e}^{0.0339}=1.40$]。"产量效应"也在1%的水平上显著作用于施药频次。另外，控制变量中"加入合作

社"在5%水平上负向影响施药频次。以模型6为基准,在此基础上依次纳入"农户类型"与"口粮比例""产量效应""加入合作社"的交互项分别进行验证。

模型7纳入"农户类型"与"口粮比例"的交互项,从而验证口粮比例对不同规模稻农施药频次的影响程度。结果显示,"农户类型"主效应的估计值0.415(p<0.01),这表明在控制其他条件不变的情况下,与小农户相比,规模户的施药频次是小农户的1.51倍$[\exp(\hat{\beta}) = e^{0.415} = 1.51]$。"口粮比例"这一变量的主效应估计值为-0.078,但并不显著。这表明在不区分农户类型的前提下,水稻产量中的口粮比例对稻农的施药频次并不构成实质性影响。"农户类型"与"口粮比例"的交互项估计系数为0.772(p<0.01),这表明水稻产量中口粮比例的加大会加强农户类型对施药频次的影响,这意味着"口粮比例"这一变量对稻农施药频次的影响存在农户类型的差异。

模型8纳入"农户类型"与"产量效应"的交互项,旨在检验产量效应对不同规模稻农的施药频次带来的影响,即检验农户认为不使用农药的产量损失程度对不同规模稻农施药频次的影响。结果显示,"农户类型"主效应的估计值为0.367(p<0.01),这表明规模户比小农户增加施药频次的概率高出44.3%$[\exp(\hat{\beta}) - 1 = e^{0.367} - 1 = 0.443]$。"产量效应"这一变量的主效应估计值为0.523(p<0.01),这表明在控制其他变量不变的情况下,产量效应增大对农户的施药频次具有促进作用。"农户类型"与"产量效应"的交互项估计系数为-0.398(p<0.05),这表明农户类型会削弱产量效应对施药频次的影响,产量效应对稻农施药频次的影响存在农户类型的差异。

模型9纳入"农户类型"与"加入合作社"的交互项,从而验证合作社等市场组织形式对不同规模稻农施药频次的影响程度。结果显示，"农户类型"主效应的估计值 0.339（p < 0.01），即规模户的施药频次概率是小农户的 1.40 倍 [exp($\hat{\beta}$) = $e^{0.339}$ = 1.40]。"加入合作社"变量的主效应估计值为 -0.142（p < 0.05），表明加入合作社对农户的施药频次有显著负向影响，加入合作社的农户施药频次低于未加入合作社农户的 13.2% [exp($\hat{\beta}$) -1 = $e^{-0.142}$ -1 = -0.132]。二者的交互项估计值为 0.110，但没有统计显著性，这表明加入合作社对施药频次的作用不存在农户类型的差异，即无论规模户还是小农户，加入合作社对施药频次都有相似的影响。

模型 10 纳入"农户类型"与所有变量的交互项，得出"农户类型"与"口粮比例"以及"农户类型"与"产量效应"的交互项对稻农的施药频次有显著影响，即"口粮比例"和"产量效应"变量对稻农施药频次的影响存在农户类型的差异。

6.4.3 似无相关回归模型的检验

为检验上述结果的可靠性，本书基于似无相关回归模型的检验进行对比。在似无相关模型中，假设规模户组和小农户组的干扰项彼此相关，即 $\mathrm{corr}(\epsilon_{1k}, \epsilon_{2m}) \neq 0$。两方程的扰动项之间的相关性越大，对两个样本组执行联合估计（GLS）效率改进越大。规模户和小农户的用药行为模型构建如下：

$$L_k = \alpha_1 + \sum \beta_{1i} X_{ik} + \epsilon_1 \tag{6.4}$$

$$S_m = \alpha_2 + \sum \beta_{2i} X_{im} + \epsilon_2 \tag{6.5}$$

L_k 表示规模户的用药行为，S_m 表示小农户的用药行为，其中，用药行为包括单次用药剂量超标行为和施药频次行为；X_i 为影响稻农行为的第 i 个变量；β_1、β_2 为影响因素的回归系数，α_1、α_2 为常数项，

ϵ_1、ϵ_2 为随机误差项。通过采用广义最小二乘法进行似无相关估计（SUR），然后对规模户和小农户之间的系数差异进行检验。结果显示 SUR 检验的结果（见表 6-6）与 Chow 检验结果（见表 6-5）一致，有效支持前文结论。

表 6-6 大小户组间系数差异的 SUR 检验结果

变量	单次用药剂量	施药频次
口粮比例	5.09**	36.43**
产量效应	0.84	8.21**
种植年限	1.17	0.04
加入合作社	0.03	0.32
收购方的关注点	0.00	0.12
质量安全检测	0.88	0.52

注：** 表示变量在 5% 置信水平下显著。

资料来源：作者实地调查。

6.5 实证结果

6.5.1 规模户、小农户的农药使用量是否存在差异

本书研究发现，规模户的农药使用量高于小农户。在控制其他条件不变的情况下，规模户的单次用药剂量超标率比小农户高出 56%；从施药频次来看，在其他变量不变的情况下，规模户在水稻一个生长周期内的施药频次是同等条件下的小农户的 1.40 倍。总体来看，随着种植规模的不断扩大，稻农在农药上的边际投入是递增的。这与已有研究的结果相似，大农户的农药投入量是小农户的 1.62 倍（刘成武等，2018），这是因为种植面积较大的农户家庭更依赖稳定的种植收入，容易过度使用农药（Zhao et al.，2018）。一般而言，农业生产者的生产目

标有两种，一是以市场供给为目标，这类农户更多关注的是利润最大化，他们主要以规模户为主；二是以家庭口粮为目标，主要满足自家的粮食需求，这类农户更关注食物安全，他们主要以小农户为主。

整体来看，稻农的用药行为整体表现出规模户用药剂量大、施药次数多，小农户用药剂量小、施药次数少的特征。但需要指出的是，本研究可能存在种植规模与农药投入之间的内生性问题，可能的原因在于稻农在追求产量过程中，可以以扩大种植面积的粗放经营实现产量；但是也可以选择集约经营，即在一定的经营种植面积上，集中投入较多的生产资料（农药）和劳动，以精耕细作实现产量。这是本书研究的不足，希望在今后的研究中能对此问题进行深入探讨。

6.5.2 规模户、小农户用药行为差异的影响因素讨论

规模户和小农户的用药行为差异是多种因素综合作用的结果，双方单次用药剂量超标行为的差异主要受到口粮比例的影响，而二者施药频次的差异主要受口粮比例和产量效应因素的影响。

（1）口粮比例。口粮比例是影响规模户和小农户用药行为差异的根本因素。口粮在水稻产量中的比重会加强农户类型对农户用药行为的影响。当农户家庭所食用的稻米在其产量中比重较大的情况下，小农户的单次用药剂量超标的概率明显低于规模户。特别是口粮比例的加大，对小农户的施药频次的负向影响非常明显，即口粮的比例增加会降低小农户对农药的需求。一般而言，小农户家庭的口粮在水稻产量中的比例较大，相比获得水稻的产量，小农户对稻米的质量安全更关心，来确保自身及家人的生命健康。相反，规模户家庭的水稻产量基数较大，口粮比例相对很小甚至为零，所以其农药使用行为受口粮是否安全的顾虑较小。

（2）产量效应。不同规模农户施药频次的差异受产量效应影响显

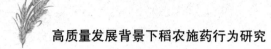

著。产量效应是针对农户而言的，产量效应大，即农户认为不施用农药造成的产量损失较大，是农户作出是否使用农药、使用多少农药量等决策的直接原因。本书研究发现，相比小农户，产量效应大对规模户施药频次的促进作用更大，会增加规模户施药频次的概率。

（3）其他因素。实证结果显示，加入合作社、收购商的关注点等因素尽管不是引起规模户和小农户的用药行为差异的因素，但也对农户的施药行为起到了较好的抑制与规范作用。但目前来看，种植年限与质量安全检测在农户施药行为的影响上并不能起到真正的调节和约束作用。

6.6 本章小结

本章将稻农分为大户与小户两组进行对比，发现两种不同类型的稻农主体在买药、配药和施药等环节的部分行为差异较大，特别是施药环节中的行为存在显著差异。大户貌似用药行为更加规范性、专业化（如更愿意阅读农药标签、更愿意采用绿色防控技术），但却更倾向于加大农药使用剂量并增加施药频次。继而加入不同规模主体类型的虚拟变量"农户类型"来对比研究大户与小户用药行为是否存在差异。通过分析得出了以下结论：

（1）随着种植规模的不断扩大，稻农在农药上的边际投入是递增的，大户更倾向于增大农药剂量并增加施药频次来确保水稻产量，稻农的用药行为整体表现出"大户用药剂量大、施药次数多，小户用药剂量小、施药次数少"的特征。

（2）通过 Chow 检验和 SUR 检验，发现规模户和小农户在单次用药剂量超标行为的差异主要受到口粮比例的影响，而二者在施药频次的差异主要受口粮比例和产量效应因素的影响。口粮在水稻产量中的比重会加强农户类型对农户用药行为的影响；相比小农户，产量效应大对规模户施药频次的促进作用更大，会增加规模户施药频次的概率。

基于本章的分析结果，本书认为，针对当前的农药使用现状，政府应在完善的监管职能和保障体系下，协同市场的服务功能，约束规模户用药行为、提升小农户植保水平，保障农户对症用药、适时用药、适量用药、科学配药，从整体上提高农药防治效率，保障农产品质量安全。

第 *7* 章

不同市场主体参与对稻农
施药行为的影响

  农药是农业生产中的一种重要投入资料，在消灭害虫、祛除病菌、控制草害等方面发挥着重要作用，保障着农产品的产量，但也导致农业面源污染加剧、食品安全问题频出等后果。随着社会经济的飞速发展、农业现代化进程的加快以及人民生活水平的提高，社会对农产品的需求已由数量需求转向质量需求，这就需要农产品是农药不超标、无残留的质量安全状态，因此究竟农产品中的农药是否被过量施用值得探究。判断并解决这一问题，对于减少由于过量施药带来的经济成本、环境污染、食品安全问题等方面意义深远。

7.1 文献回顾

  农药是农业生产投入中的基本要素之一，它通过有效地抑制农作物病虫害来减少农产品的产量损失。全球范围内每公顷的农产品，其产量

1%的增加都伴随着近2%的农药使用量的增长，由于农药施用量不断增长，造成的食品安全问题与生态环境问题也受到越来越多学者的关注。

国内外研究表明，农药过量施用行为受到诸多因素的影响，但大部分的研究将目标聚焦到微观农户层面，少有研究从市场层面对这一问题进行探讨。即便农户是农药施用的主体，减施农药的重任也不能单单依赖农户本身。市场激励对农户施药行为的影响显著（Zhao et al.，2018），市场或许是减施农药的关键因素，将是促进减施农药的一股重要力量。在现代农业建设中，合作社作为新型农业经营主体，是市场组织中的重要组成部分，是农业发展前进的中坚力量。在合作社的管理和规范下，农业趋向于标准化生产，弥补了小农经济下农产品质量管理的普遍缺失，有效提升了农产品的质量和安全（Moustier et al.，2010），从而确保农户具有更好的农产品质量控制行为。作为市场组织的重要形式，合作社是规范农户用药行为的重要因素，而在水稻的生产过程中，类似于合作社的市场主体众多，如包揽农户打药工作的承包者、与农户交易农产品的收购商，这些市场主体都可能是影响农户农药投入量的关键因素。市场主体的一系列行为——当农户在加入合作社后，合作社的农资购买、技术指导等；农户将施药环节外包后，承包者对施药时机、施药设备的选择等；农户与收购商交易中，收购商是否重视农产品的农药残留超标与否等——都可能会在一定程度上影响农户的施药行为。然而，在当前的研究中，少有学者关注到市场主体（合作社、承包者、收购商）在农户整个生产过程中的影响。那么，究竟市场主体的参与能否成为农户减施农药用量的重要路径，值得探究。

本章重点关注合作社、承包者、收购商等市场主体对农户的农药用量选择的影响，这是减少农药施用量的一个重要突破口，也为从源头上

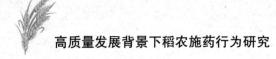

控制农产品质量安全问题提供了一个新的视角。

7.2　理论分析与模型构建

在控制其他条件不变的情况下，农户选择各市场主体参与对其自身的施药行为会产生多大影响？常用的研究方法包括三种。第一种是在模型中引入"是否有市场主体参与"这一虚拟变量，来估计市场主体参与对稻农施药行为的影响。但稻农对市场主体参与的选择决策并不是随机的，是稻农综合多方面因素而做出的决定，具有自选择性，会导致估计结果的偏误。第二种是直接比较两类农户在施药行为上的差异，但却忽略了在农业生产过程中选择市场主体参与的稻农与未选择市场主体参与的稻农之间的异质性，存在样本选择性偏差。第三种是采用 DID 方法比较市场主体参与前后稻农施药行为的差异，但生产过程有市场主体参与的稻农在市场主体参与之前的施药行为特征难以被准确地观察到，因此该方法也不可行。

本章将在反事实分析框架下，利用倾向得分匹配法（PSM）来模拟自然实验的状态，从而检验不同市场主体参与对稻农农药施用行为的影响。倾向得分匹配法于 1983 年由罗森鲍姆（Rosenbaum）和鲁宾（Rubin）提出，他们将反事实框架下人们不能观测的结果界定为反事实结果。稻农在生产过程中，特别是在其施药行为中，他们对市场主体参与的选择并不是随机的，而是根据自身需求和禀赋条件所作出的"自选择"结果，存在选择偏差。倾向得分匹配法的机理在于试图通过匹配再抽样使得观测数据尽可能接近随机试验数据，这可以在很大程度上降低观测数据的偏差，是克服选择偏差进行实证估计的有效方法。

倾向得分匹配法的研究思路如下。首先，利用 Logit 模型估计市场主体参与对稻农的农药施用量影响的概率,将其作为倾向匹配得分即倾向值,再利用受访农户的农药施用量选择作为倾向得分匹配法的输出结果,最后评价市场主体参与对稻农的农药施用量的减量效果。

(1)农户对市场主体的选择模型。本章的研究重点是市场主体(合作社、承包者、收购商)在农户整个生产过程中的影响:当农户选择加入合作社后,合作社的农资购买、技术指导等行为;当农户选择将施药环节外包后,承包者对施药时机、施药设备的选择等行为;当农户选择与收购商交易时,收购商是否重视农产品的农药残留超标与否等行为,能否对农户的农药施用量的判断与选择产生影响。为考察市场主体参与对稻农的农药施用量的影响机制,本章将加入合作社、非专业外包防治、与"质量型"收购商交易等三个变量加入模型,三个变量均为二元离散选择变量,建立 Logit 模型如下:

$$Y_j = \ln\left(\frac{p}{1-p}\right) = \alpha_{ij} + \sum_{i=1}^{n}\beta_{ij}X_{ij} + \varepsilon_{ij} \qquad (7.1)$$

其中,$Y_j(j=1,2,3)$表示市场主体参与,$j=1$ 表示加入合作社,$j=2$ 表示非专业外包防治,$j=3$ 表示与"质量型"收购商交易。p 为因变量为 1 的概率,α 为常数项,$\beta_i(i=1,2,3,\cdots,n)$为第 i 个影响因素的回归系数,X_i 为农户对市场主体选择与否的影响变量,n 为有效变量个数,ε_{ij}为随机误差项且服从正态分布。在给定禀赋特征 X_i 时,样本中市场主体参与对稻农的农药施用量的影响概率就是 PSM 得分。

(2)PSM 方法。将样本稻农分为处理组 I 和对照组 J,定义虚拟变量 M,$M_i=1$ 表示市场主体参与稻农的农药施用行为,作为处理组;$M_i=0$ 表示市场主体未参与稻农的农药施用行为,作为对照组。y_{1i} 和 y_{0i} 分别表示有市场主体参与的稻农农药施用量与市场主体未参与情况下的稻农农药施用量,其差值($y_{1i}-y_{0i}$)即为市场主体参与的净效应。PSM

方法的步骤如下：

第一步，选择协变量 X_i，将影响市场主体参与稻农的农药施用行为与否的变量 M_i 与（y_{1i}，y_{0i}）的变量尽可能包括进来。

第二步，估计倾向得分，一般使用 Logit 回归。稻农 i 的倾向得分为：在给定 X_i 的情况下，稻农 i 进入处理组的条件概率。即：

$$p(y_{1i}) = p(M_i = 1 | X = x_i) \qquad (7.2)$$

第三步，进行倾向得分匹配。协变量 x_i 在匹配后，处理组与对照组之间应分布均匀，这一数据平衡要通过检验协变量 x_i 每个分量的标准化偏差来进行，表达式为：

$$S = \frac{|\bar{x}_{treat} - \bar{x}_{control}|}{\sqrt{(s_{x,treat}^2 - s_{x,control}^2)/2}} \qquad (7.3)$$

其中，$\bar{x}_{treat}$ 和 $\bar{x}_{control}$ 分别表示处理组稻农与对照组稻农协变量分量的均值，$s_{x,treat}^2$ 与 $s_{x,control}^2$ 分别表示处理组稻农与对照组稻农协变量分量的方差。

第四步，根据匹配样本计算平均处理效应。ATT 估计量的一般表达式为：

$$\widehat{ATT} = \frac{1}{N_1} \sum_{i:M_i=1} = (y_i - \widehat{y_{0i}}) \qquad (7.4)$$

其中，N_1 表示处理组稻农的数量，$\sum_{i:M_i=1}$ 示对处理组稻农进行加总。

7.3 不同市场主体参与对稻农施药行为的影响

7.3.1 变量选择

关于"农药施用过量"的界定，选择以农户每次的农药剂量是否超过农药标签的规定为判别标准，如果农户每次的农药剂量都选择超过农药标签的规定来施用，则认为过量，用"1"表示，否则用"0"表示（见表7－1）。当前，调研区域中23.26%的稻农选择过量施用农药。

表7－1　市场主体参与对稻农农药过量施用的影响变量释义

	变量	定义与赋值	均值	方差
因变量	农药施用过量	虚拟变量；单次的农药使用剂量是否过量（超过农药标签的规定用量）：是=1，否=0	0.23	0.42
核心变量	加入合作社	虚拟变量；农户加入合作社：是=1，否=0	0.26	0.44
	非专业外包防治	虚拟变量；农户将全部或部分稻田外包给非专业的承包者：外包=1，非外包=0	0.22	0.42
	与"质量型"收购商交易	虚拟变量；农户选择与重视稻米农残超标与否的收购商交易：交易=1，不交易=0	0.45	0.50
控制变量	性别	虚拟变量；男=1，女=0	0.82	0.39
	受教育年限	连续变量；稻农的受教育年限（年）	8.11	3.13
	受教育年限二次项	连续变量；受教育年限的二次项	75.48	49.52
	兼业	虚拟变量；农户是否兼业：是=1，否=0	0.66	0.48
	农残认知	虚拟变量；农户是否了解农药残留：是=1，否=0	0.79	0.41
	种植年限	连续变量；农户水稻的实际种植年限（年）	25.80	15.49
	种植年限二次项	连续变量；种植年限的二次项	905.22	871.93
	口粮比例	连续变量；农户家庭水稻产量用于口粮的比例（%）	0.32	0.37
	对种植收入依赖度	连续变量；水稻种植收入占家庭总收入的比例（%）	0.44	0.38
	安全用药培训	虚拟变量；农户参与安全用药培训：是=1，否=0	0.49	0.50

资料来源：作者实地调查。

关于市场主体参与，选择加入合作社、非专业外包防治、与"质量型"收购商交易3个变量综合衡量。当前，调研区域中有25.58%的稻农加入了合作社，合作社在农业产业化经营中发挥着重要作用，为农民提供生产技术指导和农资购买等服务，不仅可以增强农民生产经营的

高质量发展背景下稻农施药行为研究

组织化程度，克服小生产与大市场之间的矛盾，更可以有效规范和约束农户行为。但据调研数据统计，样本区域加入合作社的稻农多以大农户为主，小农户的比重较低。

"非专业外包防治"是指农户在水稻种植中，将全部或部分稻田的农药施药环节外包出去，外包的对象是非专业化的个体或私人，他们基本以同村或邻村的兼业村民为主，这个群体的组织化水平、植保防治手段与合作社、植保站等专业化的统防统治存在很大的差距，在统防统治中属于非常初级的阶段。数据显示，调研区域中有 22.44% 的稻农选择非专业外包进行防治，承包者主要以同村或邻村的村民为主，防治水平较低。

本书中的"质量型"收购商特指在与农户进行农产品交易或收购过程中，相对比较重视农产品的农药残留超标与否的收购商。数据显示，农户在与收购商进行稻米交易中，19.56% 的农户选择了重视稻米农残超标与否的收购商，而 80.44% 的农户则选择更为重视稻米外观和形态的收购商，二者之间比重差别较大（见表 7 – 1）。

另外，控制变量主要选择性别、受教育年限及其二次项、兼业、农残认知、种植年限及其二次项、口粮比例、对种植收入依赖度以及安全用药培训（Ahmed et al.，2011）等变量。

7.3.2　Logit 模型估计

运用 Stata 软件进行倾向得分的 Logit 模型估计，因变量为"加入合作社""非专业外包防治""与'质量型'收购商交易"三个变量（见表 7 –2）。在农户的个人特征中，性别对农户加入合作社、与"质量型"收购商交易的负向影响显著，女性加入合作社的概率较高，也更倾向于与"质量型"收购商交易。文化程度越高的农户，越倾向于将农药防治过程外包,同时对农药残留更了解的农户与"质量型"收购商交易的可能性更高。

表7-2 倾向得分的 Logit 模型估计结果

变量	加入合作社		非专业外包防治		与"质量型"收购商交易	
	系数	稳健标准误	系数	稳健标准误	系数	稳健标准误
性别	- 0.438 *	- 0.248	- 0.320	- 0.320	- 0.604 **	- 0.251
受教育年限	0.065	- 0.091	0.254 *	- 0.143	0.027	- 0.088
受教育年限二次项	- 0.002	- 0.005	- 0.007	- 0.008	- 0.006	- 0.006
兼业	0.205	- 0.218	0.415	- 0.266	- 0.241	- 0.252
农残认知	- 0.313	- 0.22	- 0.046	- 0.258	0.897 ***	- 0.304
种植年限	- 0.052 **	- 0.021	- 0.089 ***	- 0.022	- 0.070 ***	- 0.021
种植年限二次项	0.001 *	0.000	0.001 ***	0.000	0.001 **	0.000
口粮比例	0.313	- 0.282	0.387	- 0.32	1.132 ***	- 0.297
对种植收入依赖度	0.818 ***	- 0.312	2.731 ***	- 0.376	- 0.179	- 0.393
安全用药培训	0.863 ***	- 0.187	0.620 ***	- 0.218	0.960 ***	- 0.226
常数项	- 1.264 **	- 0.614	- 3.584 ***	- 0.811	- 1.275 *	- 0.653
N	731		731		731	
调整 R^2	0.0652		0.2295		0.105	
p	0.000		0.000		0.000	

注: ***、**、*分别表示变量在1%、5%和10%置信水平下显著。
资料来源:作者实地调查。

在农户的家庭特征中,种植年限与"加入合作社""非专业外包防治""与'质量型'收购商交易"的关系均呈现"U"型趋势。以加入合作社为例,在到达拐点之前,随着种植年限的增加,农户越来越不愿意加入合作社,而种植年限较少的新型农民,加入合作社的可能性更大,他们更愿意尝试和利用新型的市场组织实现其种植利润。当种植年限达到35年(农户种植年限与加入合作社的拐点,经计算所得)以后,随着种植年限的增加,农户加入合作社的概率又逐渐增强,这可能是由于种植年限较大的农户多为年老者,精力难以支撑种植生产的需要，对合作社这种市场组织更为依赖。农户对种植收入的依赖度正向作用于"加入合作社"和"非专业外包防治"，水稻种植收入占农户家庭总收入的比例越大，农户加入合作社和将非专业外包防治的概率越大。安全用药的培训正向作用于农户的"加入合作社""非专业外包防治""与'质量型'收购商交易"等因变量，接受安全用药培训指导的农户，更倾向于加入合作社、外包施药环节，也更愿意与"质量型"收购商交易（见表7-2）。

7.3.3　平衡性检验

匹配方法采用有放回抽样的最近邻匹配法，为保证结果的可靠性，在匹配前需要对市场主体参与组与未参与组农户协变量的平衡性进行检验，来检验匹配后协变量是否存在显著的系统性差异。从表7-3可以看出，在匹配后的两组农户，绝大部分特征变量的标准化偏差绝对值都有所减少，大多数都降到了10%以下，说明PSM法确实能够降低农户的组间差异。通过t检验可知，不能拒绝市场主体参与组与未参与组农户协变量差异为零的原假设。可见，样本匹配的平衡性检验通过，匹配效果很好。

表7-3　平衡性检验结果

变量	匹配前后	加入合作社		非专业外包防治		与"质量型"收购商交易	
		标准化偏差	t值	标准化偏差	t值	标准化偏差	t值
性别	前	-1.8	-0.21	25.8	2.73***	-21.4	-2.42**
	后	0.3	0.03	-5.7	-0.63	-6.7	-0.53
受教育年限	前	20.7	2.43**	58.5	6.27***	-3.9	-0.42
	后	-1.4	-0.14	-2.2	-0.23	-4.5	-0.39
受教育年限二次项	前	19.9	2.37**	52.8	6.01***	-4.7	-0.5
	后	-2.7	-0.25	-0.7	-0.06	-3.5	-0.29

续表

变量	匹配前后	加入合作社		非专业外包防治		与"质量型"收购商交易	
		标准化偏差	t 值	标准化偏差	t 值	标准化偏差	t 值
兼业	前	-11.3	-1.34	-38.3	-4.43***	-10.3	-1.12
	后	-0.8	-0.08	2.5	0.21	1.7	0.15
农残认知	前	-3.3	-0.39	14.6	1.6	32.4	3.21***
	后	-5.5	-0.54	-8.8	-0.89	4.6	0.44
种植年限	前	-34.5	-4.09***	-79.8	-8.8***	-24.4	-2.68***
	后	3.3	0.31	-3.9	-0.37	4.2	0.34
种植年限二次项	前	-29	-3.42***	-71.5	-7.46***	-17	-1.87*
	后	2.7	0.26	-2.9	-0.31	4.9	0.42
口粮比例	前	-2.9	-0.34	-31	-3.31***	41	4.5***
	后	-2.7	-0.27	12.7	1.35	-5.2	-0.41
对种植收入依赖度	前	30.6	3.61***	104.1	11.01***	-7.2	-0.78
	后	0.5	0.05	-5.1	-0.5	-8.2	-0.68
安全用药培训	前	48.4	5.65***	53.9	5.97***	45	4.76***
	后	2.2	0.22	6.5	0.6	-1.2	-0.11

注：***、**、*分别表示变量在1%、5%和10%置信水平下显著。
资料来源：作者实地调查。

同时，PSM方法还需要满足共同支撑假设，即必须要求处理组和控制组的样本个体的倾向得分值尽可能处于相同范围。匹配前，加入合作社组与未加入合作社组农户、非专业外包防治组农户与非外包组农户、与"质量型"收购商交易组农户与非交易组农户的倾向得分值分布均存在明显差异；匹配后，以上三类处理组农户和控制组农户的倾向得分曲线都几乎重叠，不存在显著差异，表明匹配效果良好。

7.3.4　估计结果

通过最近邻匹配法，对市场主体参与组农户与未参与组农户的特征变量进行倾向得分匹配，关于参与组农户与未参与组农户对农药施用量选择差异的估计结果分析如下，具体如表7-4所示。

表7-4　　　　　　　　　倾向得分匹配法的估计结果

变量	匹配方法	匹配前后	处理组	对照组	ATT	t 值
合作社	—	前	0.2139	0.2390	-0.0251	-0.70
	最近邻匹配	后	0.2139	0.2366	-0.0227	-0.56
	半径匹配	后	0.2120	0.2414	-0.0295	-0.76
	核匹配	后	0.2139	0.2314	-0.0175	-0.47
非专业外包防治	—	前	0.3232	0.2063	0.1168	3.14***
	最近邻匹配	后	0.3232	0.1534	0.1698	3.26***
	半径匹配	后	0.3333	0.1777	0.1556	2.98***
	核匹配	后	0.3232	0.1789	0.1442	2.96***
与"质量型"收购商交易	—	前	0.1259	0.2585	-0.1326	-3.39***
	最近邻匹配	后	0.1259	0.2685	-0.1427	-3.19***
	半径匹配	后	0.1286	0.2601	-0.1316	-2.96***
	核匹配	后	0.1259	0.2420	-0.1161	-2.87***

注：*** 表示变量在1%置信水平下显著。
资料来源：作者实地调查。

匹配前，加入合作社组与未加入合作社组农户过量用药的概率分别为0.2139和0.2390，差值为0.025。匹配后，两组农户过量用药的概率差值为0.023，与匹配前的差异不显著，即加入合作社组农户在农药过量施用的概率上，不显著低于未加入合作社组（见表7-4）。这说明，在考虑了农户选择性偏差后，加入合作社对农户农药过量施用的作用不明显。这可能是因为，第一，当前合作社的服务功能更偏重于提供农资购买和农产品销售等，在农户施药行为方面的技术指导与约束效果不明显；第二，合作社的内部成员大部分以种植面积较大的农户为主，在大规模农户中有44.86%的农户加入了合作社，而小农户中入社比例不足20%，说明合作社对小农户吸纳率较低，内部结构不平衡。因此，加入合作社对全部农户在农药过量施用上的约束作用有限。

关于非专业外包防治组与非外包组，无论在匹配前还是匹配后，二者在农药过量施用与否的选择上均存在显著差异。从变量的系数大小和显著程度可知，在样本匹配前后，非专业外包防治对农户农药过量施用与否的影响显著。匹配前，外包组农户的农药过量施用概率比非外包组农户高0.1168，且在1%水平显著；匹配后，非专业外包防治的平均处理效应为0.1698，在1%水平显著（见表7-4）。这说明在考虑农户选择偏差后，非专业外包防治对农户农药过量施用的正向影响显著，当农户选择将非专业外包防治，农药过量施用的概率就会增加5.3%。可见，在排除不同类别的组间协变量差异性之后，非专业外包防治会增加农户农药过量施用的概率，这是因为当前调研区域的农户选择施药环节外包给私人或者个体承包者，而非统防统治的专业病虫害防治组织，农户家庭的施药频次与私人、个体承包者的利益直接挂钩，而当前相关部门对施药环节外包这一市场环节的监管较少。从非专业外包防治对农户施药行为的负外部性可以看出，非专业外包防治与专业的统防统治在植保先进性、科学性、规范性上存在很大的差异，这是当前市场体系的发展中的短板，是限制市场环境整体作用水平的直接因素。

关于与"质量型"收购商交易，匹配前，交易组农户与非交易组农户农药过量施用的概率分别为0.1259和0.2585，前者概率比后者低0.1326，且在1%的水平上显著（见表7-4）。这表明，与"质量型"收购商交易，将大大降低农户的农药过量施用概率。匹配后，与"质量型"收购商交易的平均处理效应为0.1427。这说明忽视选择性偏差，会造成农户与"质量型"收购商交易，对是否过量施用农药的影响效果估计产生偏差。可见，采用PSM法修正样本选择偏误是必要的，若不消除估计偏误，实证结果将低估与"质量型"收购商交易对农户农药用量选择的作用。

为验证上述结果的准确性，本书同时采用了有放回抽样的半径匹配法与核匹配法，估算市场主体参与对农户农药过量施用的影响效果，三种方法的估计结果基本一致，表明上述研究结果是稳健性的（见表7-4）。

7.4　本章小结

在资源环境约束趋紧、食品安全问题严峻的背景下，如何走出农业安全、高效生产的现代化步伐，已成为重要的现实问题。基于此，本章采用倾向得分匹配法考察市场主体参与对稻农的农药过量施用的影响，得出以下结论：

（1）性别对农户加入合作社、与"质量型"收购商交易的负向影响显著，女性农民加入合作社的概率较高，也更倾向于与"质量型"收购商交易。文化程度越高的农户越倾向于将施药环节外包于承包者，同时对农药残留更了解的农户与"质量型"收购商交易的可能性更高。在农户的家庭特征中，种植经验与"加入合作社""非专业外包防治""与'质量型'收购商交易"的关系均呈现"U"型趋势。

（2）在排除不同类别的组间协变量差异性之后，如果稻农选择非专业外包防治，将显著增加农药过量施用的概率，说明非专业外包防治与专业的统防统治在植保先进性、科学性、规范性上存在很大的差异。在控制其他影响因素的条件下，收购商对农产品农药残留超标的重视与否直接关系着农户对农药用量的选择，对农户生产行为的约束作用明显。当前合作社对小农户吸纳较少，并不会对稻农的过量施药行为产生显著的影响。

因此，应加强对市场的监管，特别是对施药环节承包主体的管理，确保其植保方式和技术行为的安全、专业与规范，缩小农药知识与农药使用之间的差距，保障安全的农药使用环境。同时，加强合作社等市场组织对小农户的吸纳能力，充分利用市场组织的内部质量评价、生产决策控制以及系列奖惩机制，规范农户行为，保障农产品的质量安全。

第8章

不同政府监管方式对稻农
施药行为的影响

8.1　引言

农药是农业生产活动中最广泛使用和最有效防治病虫害的投入要素之一。全球近 20 亿人从事农业生产活动，大多数农户都会使用农药来保护庄稼或牲畜，但农药使用的成本可能已经超过了它的效益（Bourguet et al.，2016）。传统农药的使用在破坏生态环境（Beketov et al.，2013）、危害人类健康，甚至影响农业发展的可持续性等方面的负面影响较多，引起了全球范围内的关注与重视，各国都积极采取措施来规范农药使用。我国提出，力争到 2020 年农药使用总量实现零增长；法国计划到 2025 年实现农药使用量减少 50% 的目标（Lechenet et al.，2017）。

事实上，农药使用量的适当减少不会对生产率和利润率产生任何不利影响（Lechenet et al.，2017）。许多更具可持续性的农药减施新技术、农药替代新品种不断开发，如害虫综合防治（Integrated Pest Management, IPM）（Lamichhane et al.，2015），从而促进了农民更有效地利用现有生产潜力，减少了农药使用对环境的负面溢出效应（Skevas et al.，2014）。尽管如此，减施农药的障碍仍然存在，利润最大化并不是农民行为的唯一驱动因素，农户依然对产量有深切的担忧，他们往往违背社会最优的选择，过量施用农药。大多数农户都是风险厌恶者，他们常常忽视利润水平，单纯地关注产量目标（Chèze et al.，2020），佩德森等（Pedersen et al.，2012）的研究表明，在他们的样本中，很大比例的农户在最大化产量，而不是利润。因此，从经济效益最大化角度并不能直接引导农户减施农药，农户减施农药的现象不会自发地出现，必须借助外部力量。

农户施药行为的影响因素包括内部因素和外部因素两个方面。其中，外部因素包括市场环境和政府监管等因素，而作为行为主体的农户，其个体特征等内部因素是以往学者的研究重点，本章试图回答以下问题：（1）市场环境对农户施药行为能否产生影响？影响程度如何？（2）政府监管对农户施药行为能否产生影响？影响程度又如何？（3）何种规范农户农药施用行为的外部因素最为有效？这是保障我国农产品质量安全、农业可持续发展的必须正视且努力解决的问题，也是本章研究的主题。

8.2 理 论 分 析

认知心理学认为，可以通过人的认知水平解释、预见其自身行为，这一理论构成了稻农施药行为的理论基础。人类行为模型是认知心理学理论模型中的代表性模型，由著名心理学家库尔特·勒温（Kurt Lewin）提出，模型公式为 $B=f(P, E)$，式中 B 代表行为，P 代表心理、生理、动机、态度等个人内在因素，E 代表社会、自然、制度等系列外部环境因素，该模型表示人类行为的发展变化是人与环境两类因素综合作用的结果。根据人类行为模型，稻农施药行为也是随着个人特征因素与外部环境因素的变化而变化，是二者共同作用的结果。稻农所处的外部环境是动态变化的，他们受限于自身知识匮乏、认知有限的现实约束，很难分析得出较为可靠的应对措施。因此，本章将着重关注政府监管方式以及市场环境等外部特征对稻农施药行为的影响，通过外部环境的改善，突破农户自身的能力限制，促进内在因素和外部环境的高效融合，保障农户施药行为的规范性。

农户施药行为其实就是对"施多少""施几次""怎么施"等一系列农业生产问题的决策行为，本书选择从"单次用药剂量超标""施药频次""阅读农药标签"三方面界定稻农施药行为。已有研究对影响农户施药行为的内在因素进行了系统、深入的研究，证实了农户施药行为受性别（Wang et al.，2017）、年龄（Ntow et al.，2006；陈雨生等，2009）、受教育年限（黄季焜等，2008；童霞等，2011）、兼业（Shi et al.，2011；赵佳佳等，2017）、对农药的认知（张云华等，2004；朱淀等，2014）等个人特征的影响，同时也受到种植年限（Isin et al.，2007；Abdollahzadeh et al.，2015；Jallow et al.，2017）、口粮比例（黄炎忠等，2018；余威震等，2019）、农业收入（彭建仿等，2011；高晨雪等，2013）等家庭特征的变量。除了上述内部因素的影响，农户施药行为也受外部环境的影响，政府监管和市场环境是影响农户施药行为的重要外部因素。已有研究对市场环境因素和政府监管因素对农户施药行为的影响，作出了不同的评价结论。

8.2.1 政府监管的作用

政府监管是改变农民行为最直接的方式（Lamichhane，2017）。外界影响因素中，政府的监管作用最强（代云云，2013），在农药的使用中，政府从监督管理、政策引导和技术培训等不同角度对农户行为进行规范，激励农户的科学合理行为，制约农户的盲目错误行为。

（1）监督管理。政府的检测力度越强，农户过量施用农药的行为越少（代云云等，2012），接受检测及检测标准的严格与否都会影响农户的施药行为（王志刚等，2012）。农药使用量在培训、宣传等政策作用下可减少10%~20%，若与更为有力的监管政策配合，可能会实现更高的减施量（Jacquet et al.，2011）。

（2）政策引导。政府的政策对农户的农药施用行为影响较大，在引导农户科学、合理使用农药方面作用显著（黄祖辉等，2005），但不同政策的影响效果存在较大差异，如命令控制政策和激励政策对农户是否过量施用农药的行为具有较强的规范效应，而宣传培训政策对农户是否过量施用农药的影响不大（黄祖辉等，2016）。

（3）技术培训。政府的相关培训和信息传播能显著影响农业生产者农药施用行为（Hruska et al.，2002）。政府的农药施用知识与技能培训是影响农户的农药残留认知水平的重要因素（王建华等，2014b），技术培训能够降低农户的农药使用量（应瑞瑶等，2015），赵佳佳等（2017）研究发现年均培训次数正向影响农户安全生产行为。李昊等（2017）也发现参加培训对种植户过量施用农药有显著的负向影响。

8.2.2　市场环境的作用

当然，也有部分学者强调市场环境的作用，利希滕贝尔格（Lichtenberg，2013）认为，由于存在大量的小规模分散农场，政府监管对农民滥用农药行为的影响有限。但以市场为基础的激励政策对农户施药行为的规范作用明显（黄祖辉等，2016）。

（1）市场收益激励。大多数研究都选择将农户行为与市场激励挂钩，认为市场激励是影响农户施药行为的重要外部因素。通常，如果农户对作物产量更为依赖，他就更倾向于规避风险（Feola et al.，2010）；赵等（Zhao et al.，2018）认为产量效应对农药使用量有正向影响，认为不使用农药对产量影响较大的农户倾向于使用过量农药，市场激励对农户的农药施用行为影响更大。还有学者证实市场体系发育程度（王华书等，2004）、农产品的商品化程度（倪国华等，2014）等都对农户施药行为有一定的影响。

（2）市场主体约束。在对农户的农药施用行为影响的市场主体中，大多数学者将目光聚焦于合作社这一市场主体，已有研究证实合作社和非合作社社员在农药使用上存在一定程度的差异（Al Zadjali et al.，2014）；加入合作社能够促进农户减量施用的农药概率提高43.7%（蔡荣等，2019）；合作社的管理可以有效提升农产品的质量和安全（Moustier et al.，2010）；合作社积极促进了农药使用的投入效率，一定程度上减少了农药的密集使用（Feola et al.，2010）。应瑞瑶等（2017）从施药环节外包这一变量入手，发现农户将水稻病虫害防治环节外包给植保专业化服务组织，农药施用强度将显著减少。

此外，也有学者不仅否定政府监管的作用，同时也否定市场环境的作用。王常伟等（2013）认为，政府的介入措施并没有起到抑制农户超量施用农药的作用，参加合作社等市场因素对农户的农药用量甚至具有正向促进作用。

综上所述，在农户农药施用行为的研究中，已有研究为本书的研究奠定了充实的理论基础。但是现有文献多从单一视角研究不同因素对农户施药行为的影响，在探讨市场环境和政府监管等因素的有效性上，仍存在可拓展空间：①片面选择对农户施药行为影响的单一因素，多因素之间的交互效应缺失；②究竟是何种因素更有利于规范农户施药行为并未形成统一的观点；③已有观点的分歧尚未得到合理的解释，不利于相关政策的设计与制定；④农药使用主体的单一性，大多数研究只针对小规模农户；⑤部分研究的被解释变量选择较单一，不能充分解释农户施药行为。

基于此，本章将从以下几个方面进行拓展：一是探讨市场环境因素和政府监管因素等多个因素对农户施药行为的影响，并建立因素之间的交互效应分析；二是研究对象既包括几亩小户，也包含百亩大户，保证了研究结果的全面性和客观性；三是从单次施药剂量和施药频次两方面综合考量农户施药行为，提高了对农户施药行为解释的有效性。具体而言，本章建立农户、政府、市场三者之间的实证模型，研究政府监管因素和市场环境因素对农户施药行为的影响，同时研究政府和市场之间的交互作用对农户行为的影响，由此得到各主体的最优决策，以期为激励农户减施农药量提供政策建议。

8.3 数据分析

8.3.1 农户施药行为

本书的农户施药行为分别用"单次用药剂量超标""施药频次""阅读农药标签"三个变量综合衡量。从表8-1可看出，农户的农药标签阅读率较高，部分农户选择超过农药标签的规定施用农药，农户平均每季的施药频次为2.78次。据统计，74%的农户在配药前选择阅读农药标签，而近1/4的农户的单次农药使用剂量过量。在农药施用过程中，超过规定标准用量时，农药往往得不到充分分解，从而造成农药残

高质量发展背景下稻农施药行为研究

留超标，农产品的质量和安全性下降。在每季的水稻种植中，70.45%
以上的农户施药频次集中在 3 次之内，22.85% 的农户选择 3 ~ 5 次，施
药频次在 5 次以上的占比 6.71%，稻农的施药频次均值是 2.78 次。

表 8 - 1 农户施药行为的统计特征

统计特征	分类指标	样本数（户）	百分比（%）
单次农药使用剂量超标	是	170	23.26
	否	561	76.74
施药频次	0 次	60	8.21
	1 ~ 3 次	455	62.24
	3 次以上	216	29.56
阅读农药标签	是	544	74.42
	否	187	25.58

资料来源：作者实地调查。

8.3.2 目标考察变量特征

（1）政府监管因素，主要包括质量安全检测和安全用药培训。质
量安全检测力度低，安全培训受众较多。据统计，样本区域内有 357 个
农户家庭，受到过政府相关部门组织的安全用药培训，约占样本总数的
一半。但在质量安全检测方面，有 79.21% 的农户从未接受过质量安全
检测（见表 8 - 2）。可见在农户的水稻种植中，政府的监管方式侧重于
培训，监督力度较小。

表 8 - 2 目标考察变量的统计特征

统计特征	分类指标	样本数（户）	百分比（%）
质量安全检测	0 次	579	79.21
	1 ~ 2 次	130	17.78
	2 次以上	22	3.02

续表

统计特征	分类指标	样本数（户）	百分比（%）
安全用药培训	是	357	48.84
	否	374	51.16
价格约束	是	332	45.42
	否	399	54.58
产量效应	0~30%	175	23.95
	30%~50%	264	36.11
	50%~70%	130	17.79
	70%~100%	162	22.17
与"质量型"收购商交易	是	143	19.56
	否	588	80.44
非专业外包防治	是	164	22.44
	否	567	77.56
加入合作社	是	187	25.58
	否	544	74.42

资料来源：作者实地调查。

（2）市场环境因素，主要包括市场收益类别和市场主体参与，其中市场收益类别包括价格约束和产量效应，市场主体参与包括与"质量型"收购商交易、非专业外包防治和加入合作社3个变量。农户受价格约束力度较低，受产量效应影响较大；市场主体的参与度低。从市场收益类别来看，在农户的认知里，他们认为不使用农药水稻产量平均会下降53.56%。同时，一半以上的农户家庭，认为稻米价格不受农药残留超标的影响。从市场主体参与的角度来看，当前，调研区域中仅有不足1/5的农户与"质量型"收购商交易，22.44%的农户选择非专业的外包防治，承包者主要以个人为主。同时，也仅有25.58%的稻农加入了合作社，且样本区域加入合作社的稻农多以大农户为主，小农户的比重较低。

高质量发展背景下稻农施药行为研究

8.4 模型设定与变量选择

8.4.1 模型设定

（1）Logit 模型。模型中被解释变量 Y 表示农户的农药使用行为，分别用"单次用药剂量超标""施药频次""阅读农药标签"三个变量综合衡量。其中，因变量"单次用药剂量超标"和"阅读农药标签"是二元选择变量，选用二元 Logit 模型形式，表达式为：

$$\ln\left(\frac{p}{1-p}\right) = \beta_0 + \sum_{i=1}^{n}\beta_i X_i + \varepsilon \qquad (8.1)$$

其中，p 为稻农单次用药剂量超标和阅读农药标签的概率，X_i 表示第 i 个影响因素，β_i 为各因素的回归系数，β_0 为回归截距项，ε 为随机误差项。

（2）泊松回归模型。因变量"施药频次"为连续变量，其取值是 $0 \sim 12$ 的连续自然数，对于这一类数据，常采用计数模型进行回归。如前所述，本书采用泊松回归模型，其表达式为：

$$P(Y_j = y_j \mid x_j) = \mathrm{e}^{-\lambda_j}\lambda_j^{y_j}/y_j! \qquad (8.2)$$

其中，Y_j 表示因变量"施药频次"，y_j 值表示对 Y_j 的赋值。假设 $E(Y_j \mid x_j) = \lambda_j = \exp(x_j'\beta)$，取对数为 $\ln\lambda_j = x_j'\beta$。式中 x_i' 为自变量组，β 为该估计系数的向量，λ_j 表示事件发生的平均次数；施药频次变化的比率为 $\exp(\beta_k)$，表示解释变量 x_k 增加 1 单位，事件的平均年发生次数将增加多少百分点。

8.4.2 变量选择

本书中农户的农药施用行为，分别用"单次用药剂量超标""施药频次""阅读农药标签"三个变量综合衡量。关于因变量"单次用药剂量超标"行为的界定，以农户的每次农药剂量是否超过农药标签的规定为判别标准，如果超标，则用"1"表示，否则用"0"表示。关于"施药频次"是以稻米一个生长周期内稻农的施药频次来计量。关于"阅读农药标签"的界定，是指农户在配药前是否阅读农药标签的具体规定，如果是，则用"1"表示，否则用"0"表示。

　　核心变量包括政府监管因素和市场环境因素。其中政府监管因素，主要包括质量安全检测和安全用药培训。市场环境因素分为市场收益类别和市场主体参与两类变量。其中市场收益类别包括价格约束和产量效应；市场主体参与包括与"质量型"收购商交易、非专业外包防治和加入合作社 3 个变量。其中，"质量型"收购商主要是指在与农户的稻米交易中，更为重视稻米的内在特征，而非外在特征。内在特征包括蛋白质、维生素、钙等营养元素的含量和结构比例以及农残超标与否特质等；外部特征包括农产品外观、大小、形态等。在农产品质量的内在品质中，最重要的一点就是农产品的安全性，即在农产品的生产过程中，农药、化肥等化学品投入的残留与否。如果收购商在收购中更关注稻米的外在特征，农户势必会加大农药量来保证稻米更好的外观与形态特征。"非专业外包防治"是指农户在水稻种植中，将全部或部分稻田的农药施用环节外包出去，外包的对象是非专业化的个体或私人，他们基本以同村或邻村的兼业村民为主，这个群体的组织化水平、植保防治手段与合作社、植保站等专业化的统防统治存在很大的差距，在统防统治中属于非常初级的阶段。

　　此外，本书的控制变量主要包括性别、种植经验、兼业、农残认知、口粮比例等（见表 8 - 3）。

表 8-3　　　　　　　　　　　　　变量释义

变量类型		变量名称	定义与赋值	均值	方差
被解释变量		单次农药使用剂量超标	虚拟变量；农户单次农药使用剂量是否超过农药标签的规定用量：是=1，否=0	0.23	0.42
		施药频次	连续变量；一个生长周期内稻农的施药频次（次）	2.78	1.74
		阅读农药标签	虚拟变量；配药前是否阅读农药标签：是=1，否=0	0.74	0.44
解释变量	政府监管	质量安全检测	连续变量；稻米出售前接受的质量安全检测频次（次）	1.06	18.50
		安全用药培训	虚拟变量；农户参与安全用药培训：是=1，否=0	0.49	0.50
	市场收益类别	价格约束	虚拟变量；农残超标时，农产品价格是否会下跌：是=1，否=0	0.45	0.50
		产量效应	连续变量；不使用农药时的水稻产量变化（%）	0.54	0.25
	市场主体参与	与"质量型"收购商交易	虚拟变量；农户是否选择与重视稻米农残超标与否的收购商交易：是=1，否=0	0.20	0.40
		非专业外包防治	虚拟变量；农户将全部或部分稻田外包给非专业的承包者：外包=1，非外包=0	0.19	0.37
		加入合作社	虚拟变量；农户加入合作社：是=1，否=0	0.26	0.44
控制变量		性别	虚拟变量；男=1，女=0	0.82	0.39
		种植年限	连续变量；农户水稻的实际种植年限（年）	25.80	15.49
		兼业	虚拟变量；农户是否兼业：是=1，否=0	0.66	0.48
		农残认知	虚拟变量；农户是否了解农药残留：是=1，否=0	0.79	0.41
		口粮比例	连续变量；农户家庭水稻产量用于口粮的比例（%）	0.28	0.45

资料来源：作者实地调查。

8.5　实证分析

8.5.1　政府监管与市场环境对农户施药行为影响

为了检验观测变量间的相关性对回归模型影响的程度，对模型进行多重共线性诊断，结果显示，所有变量的方差膨胀因子 VIF 均小于 2，可知存在多重共线性的可能性很低，在可接受的范围以内。为考察市场环境和政府监管对农户施药行为的影响，对样本总体进行回归，结果见表8-4。表中，模型（1）、模型（3）和模型（5）分别是市场环境因素和政府监管因素对稻农单次用药剂量超标行为、施药频次和阅读农药标签行为影响的估计结果，模型（2）、模型（4）和模型（6）分别是加入控制变量的估计结果，结果与模型（1）、模型（3）、模型（5）基本一致，较为稳健。模型的 p 值也均在 0.01 以下，都达到很高的显著水平。

表8-4 农户施药行为的回归结果

变量	单次用药剂量超标		施药频次		阅读农药标签	
	模型（1）	模型（2）	模型（3）	模型（4）	模型（5）	模型（6）
质量安全检测	-0.005 (0.010)	-0.011 (0.056)	-0.048 * (0.025)	-0.067 *** (0.023)	-0.013 *** (0.003)	-0.015 *** (0.003)
安全用药培训	-0.128 (0.191)	-0.234 (0.200)	0.169 *** (0.047)	0.120 *** (0.046)	0.347 * (0.194)	0.191 (0.202)
价格约束	-0.627 *** (0.186)	-0.631 *** (0.192)	0.116 ** (0.046)	0.128 *** (0.045)	1.070 *** (0.201)	1.029 *** (0.208)
产量效应	0.718 ** (0.345)	0.563 (0.368)	0.564 *** (0.087)	0.493 *** (0.086)	-0.285 (0.360)	-0.343 (0.367)
与"质量型"收购商交易	-0.710 ** (0.278)	-0.529 * (0.286)	-0.107 * (0.060)	-0.042 (0.056)	0.600 ** (0.271)	0.569 ** (0.274)
非专业外包防治	0.818 *** (0.243)	0.675 ** (0.265)	0.245 *** (0.060)	0.169 *** (0.059)	0.561 * (0.287)	0.296 (0.312)
加入合作社	-0.172 (0.223)	-0.195 (0.222)	-0.072 (0.049)	-0.085 * (0.047)	0.173 (0.224)	0.235 (0.231)
性别		0.024 (0.266)		0.172 *** (0.066)		0.504 ** (0.227)
种植年限		0.007 (0.006)		-0.002 (0.001)		-0.018 *** (0.007)

续表

变量	单次用药剂量超标		施药频次		阅读农药标签	
	模型（1）	模型（2）	模型（3）	模型（4）	模型（5）	模型（6）
兼业		−0.034		0.022		0.071
		(0.205)		(0.048)		(0.204)
农残认知		−0.119		−0.065		0.871 ***
		(0.222)		(0.057)		(0.204)
口粮比例		−1.016 ***		−0.311 ***		−0.100
		(0.260)		(0.060)		(0.221)
常数项	−1.283 ***	−0.988 **	0.575 ***	0.655 ***	0.451 **	0.025
	(0.228)	(0.448)	(0.063)	(0.111)	(0.229)	(0.415)
N	731	731	731	731	731	731
p	0.000	0.000	0.000	0.000	0.000	0.000

注：***、**、*分别表示变量在1%、5%和10%置信水平下显著，括号内为稳健标准误。
资料来源：作者实地调查。

1. 政府监管对农户施药行为的影响

（1）质量安全检测对农户施药行为的影响。从表8-4可知，政府对水稻的质量安全检测每增加1次，农户的平均施药次数将减少6.47%①，农户的农药标签阅读概率也将减少1%。可见，政府的质量安全检测在对农户的施药频次影响上，作用较弱，但对农户的农药标签阅读率起到负向的影响作用，即随着对农产品质量安全检测的增加，农户越不愿意阅读农药标签。这可能是由于在监测检测力度较大的背景下，农户会直接选择减少农药施药剂量和施药频次，检测压力下的农药施用量将明显低于农药标签的规定，农户便可能不会仔细研究农药标签的详细规定。

（2）安全用药培训对农户施药行为的影响。政府的安全用药培训，

---

① 模型中，解释变量对被解释变量的影响程度为 $\exp(\hat{\beta}) \times 100\%$ 。

并不明显作用于农户的单次用药剂量和农药标签的阅读等行为，但是却正向作用于农户的施药频次。实证结果显示，接受过培训的农户，其平均施药次数比未接受过培训的农户高，这说明安全用药培训并不能降低农户的施药频次，反而适得其反。这与已有研究结果类似，政府监管与发达地区农药滥用行为之间存在正相关关系，证明了政府监管的低效性（Zhao et al.，2018）。这可能是由于安全用药培训与农户收益之间的矛盾，农户并不能接受减施农药造成的产量损失，并对当前培训不信任。农户对技术人员的建议和农药行业（标签）提供的农药处方的质疑，直接关系到农户对农药的过度使用（Huang et al.，2000）。

需要指出的是，本书的实证结果并非意味着安全用药培训对于农药的减量增效没有作用，只能说明在目前的现实条件下，政府的监管效率偏低，安全用药培训并没有发挥出应有的作用。当前中国还没有建立起完善的农产品可追溯供应链，这就增加了农产品的质量安全问题。基于对我国农户特征、种植环境及农药规制现实的考量，本书实证结果的出现或在一定程度上可以得到合理的解释。

2. 市场环境对农户施药行为的影响

首先，市场收益类别对农户施药行为的影响。（1）价格约束的影响。价格约束在1%在单次用药剂量超标的概率上，受到价格约束的农户比未受到价格约束的农户降低46.8%；在农药标签的阅读率上，前者是后者的2.8倍；但在施药频次方面，价格约束却起到反向作用，给定其他变量，受到价格约束的农户的平均施药次数比未受到价格约束的农户多13.62%。当农药残留超标时，若市场存在价格约束的风险，农户迫于压力会按照农药标签的规定，降低每次的农药剂量，来保障农产品的品质，从而消除价格约束的风险。产量和价格是农户收入的保证，一旦农户受到农产品的价格约束，很可能会更依赖产量保证收入，因此很有可能会选择增加施药频次来再次保证产量。（2）产量效应的影响。产量效应对农户的施药频次的影响显著，在控制其他变量的条件上，产量效应每增加1单位，农户的施药频次将增加1.64倍，认为不施用农药对产量影响较大的农户倾向于增加施药频次。

其次，市场主体参与对农户施药行为的影响。（1）与"质量型"收购商交易的影响。这一变量分别在10%和5%的水平上显著作用于农户的单次用药剂量和农药标签阅读，系数分别为－0.529、0.569。这表明，与"质量型"收购商交易，一方面将降低农户单次用药剂量超标的概率，另一方面将大大提高农户对农药标签的阅读概率。（2）非专业外包防治的影响。非专业外包防治对农户的单次用药剂量超标与否的影响在5%的水平上显著，选择非专业外包防治的农户，其单次用药剂量超标的概率和平均施药次数都比非外包组农户高。（3）加入合作社的影响。加入合作社只对农户施药频次有较为显著的影响，加入合作社的农户的平均施药次数比未加入合作社的农户多8.11%，可见合作社对农户施药行为的规范作用偏弱。

3. 内生性讨论

上述分析在采用不同模型固定其他条件的情况下，考察了政府监管、市场环境分别对农户施药行为的影响，针对上述研究结果，可以发现：价格约束、质量安全检测和安全用药培训等变量对农户施药行为的影响不一致，积极影响和消极影响同时存在。因此，本书认为政府监管和市场环境的变量之间很可能存在某些没有阐明的交互作用，需要进一步讨论。在此之前，下面先对"安全用药培训"可能存在的内生性进行讨论。

现实中，很多不可观测的因素（如农户资源禀赋）可能同时影响农户的施药行为和农户参加安全用药培训的倾向，可能存在内生性的问题，因此本书采用工具变量法来检验核心解释变量"安全用药培训"的内生性。本书选择对培训的认同度、对培训的需求度以及党员身份作为工具变量，三个变量直接影响着农户的参加安全用药培训行为，但不直接影响农户采用何种施药行为，将他们作为"安全用药培训"的工具变量是可行的。本书在对工具变量进行不可识别检验、弱工具变量检验和过度识别检验的基础上，对核心解释变量的内生性进行 Hausman 检验。不可识别检验显示，在 1% 的显著性水平上拒绝了工具变量不可识别的原假设；弱工具变量检验的结果显示，最小特征统计量大于对应的临界值，可以拒绝"弱工具变量"的原假设；过度识别检验显示，接受了"所有工具变量均外生性"的原假设。上述结果表明，本书选择的工具变量都通过了有效性检验。在 Hausman 检验中，接受了"不存在内生性"的原假设，这说明核心解释变量"安全用药培训"不存在内生性问题。因此，可以认为本书的回归估计结果是稳健的。

8.5.2 政府监管与市场环境对农户施药行为影响的交互效应分析

目前我国市场体系发展仍不完善、不规范，政府监管作用也尚未能发挥其应有的作用，如果仅仅依靠市场环境因素或政府监管因素当中的一种因素，是不足以约束农户进行减量增效的。政府监管在市场规范不足的情况下可以影响农户的生产决策，例如政府的培训可以提高农户对农药认知，弥补合作社等市场主体对农户规范与约束的欠缺；而政府的检测也可以通过对农户生产行为的约束来影响农户的生产决策，弥补市场价格约束的不足，对农户化学农药的使用进行限制。一般而言，农业生产者生产行为的基本目标是获得最大的市场收益，如果缺乏健全的市场机制和高效的政府监管，生产者的生产行为就会"过分自由",农户施药行为的无序化、不规范可能会是常态,显然当前农户的施药行为并不是"过分自由"状态,他们在一定程度上都受到了政府监管和市场环境的影响,而且并不是单一的影响。本书认为市场环境和政府监管对农户施药行为之间可能存在着交互效应,因此,构建如下模型:

$$Y = \beta_0 + \beta_1 Mar + \beta_2 Gov + \beta_3 Mar \times Gov + \gamma X_i + \varepsilon \qquad (8.3)$$

模型中被解释变量 Y 表示农户的农药使用行为,分别用"单次用药剂量超标""施药频次""阅读农药标签"三个变量综合衡量。其中,因变量"单次用药剂量超标"和"阅读农药标签"是二元选择变量,选用二元 Logit 模型形式。而因变量"施药频次"为连续变量,其取值是 0~12 的连续自然数,对于这一类数据,常采用计数模型进行回归。泊松回归是其中典型的一种,本书决定采用。核心变量 Mar 表示市场因素,主要包括市场收益类别和市场主体参与。其中市场收益类别包括价格约束和产量效应。关于市场主体参与,包括与"质量型"收购商交易、非专业外包防治和加入合作社等 3 个变量。核心变量 Gov 代表政府因素,主要包括质量安全检测和安全用药培训。核心变量 $Mar \times Gov$ 表示市场因素与政府因素在去中心化后的交互项。X_i 表示控制变量,ε 是扰动项,β_0 是截距项,β_1、β_2、β_3 和 γ 都表示待估系数。

前文的理论分析表明,市场环境对农户施药行为产生直接影响的背后是政府监管的异质性在发挥作用。然而,价格约束、产量效应、与"质量型"收购商交易、非专业外包防治、加入合作社等是市场环境的重要组成部分,政府监管是否会借由市场环境因素间接作用于农户施药行为仍有待探索。为了检验市场环境因素对农户施药行为的影响是否因为政府监管的不同而有所差异,本书在以上模型的基础上,依次将市场环境和政府监管等变量之间的交互项①纳入单次用药剂量超标行为、施药频次和阅读农药标签行为等农户行为的模型，并在此基础上引入所有交互项进行回归估计，结果如表8-5所示。受篇幅限制，每个交互项依次纳入的模型中，只汇报交互项显著的模型（7）、模型（9）、模型（11）、模型（12），模型（8）、模型（10）、模型（13）分别是全部交互项对稻农单次用药剂量超标行为、施药频次和阅读农药标签行为影响的估计结果，以上模型的 p 值均在 0.01 以下，都达到很高的显著水平。

表8-5 交互项对农户施药行为的回归结果

变量	单次用药剂量超标			施药频次		阅读农药标签	
	模型(7)	模型(8)	模型(9)	模型(10)	模型(11)	模型(12)	模型(13)
质量安全检测	−0.027 (0.098)	−0.082 (0.194)	−0.066*** (0.022)	−0.059 (0.047)	−0.016*** (0.003)	−0.016*** (0.004)	−0.004 (0.161)
安全用药培训	−0.024 (0.220)	−0.045 (0.229)	0.147*** (0.046)	0.151*** (0.047)	0.319 (0.218)	0.275 (0.200)	0.395* (0.230)
价格约束	−0.657*** (0.206)	−0.749** (0.304)	0.124*** (0.046)	0.121* (0.070)	1.072*** (0.210)	0.990*** (0.208)	1.115*** (0.299)
产量效应	0.618* (0.351)	1.004* (0.532)	0.516*** (0.087)	0.533*** (0.118)	−0.353 (0.365)	−0.387 (0.365)	−0.747* (0.446)
与"质量型"收购商交易	−0.703** (0.288)	−0.577* (0.323)	−0.041 (0.061)	−0.026 (0.067)	0.504* (0.284)	0.591** (0.285)	0.158 (0.341)
非专业外包防治	0.726*** (0.264)	0.754** (0.350)	0.200*** (0.060)	0.181** (0.084)	0.259 (0.313)	0.243 (0.325)	0.288 (0.348)

---

① 关于交互项的作用原理。假设稻农施药行为影响因素的方程式为 $Y = \beta_1 Mar + \beta_2 Gov + \beta_3 Mar \times Gov$，$Mar$ 和 Gov 分别为影响农户施药行为的市场因素和政府因素，考虑 Mar 和 Gov 的交互作用，方程两边对 Mar 求偏导，右边为 $\beta_1 + \beta_3 Gov$，即 Mar 对 Y 的影响作用由两部分组成，其一是系数 β_1，其二是 $\beta_3 Gov$。当市场因素 Mar 存在（为正）时，若交互项 $Mar \times Gov$ 的系数 β_3 为正，则政府因素 Gov 强化了市场因素 Mar 对农户施药行为 Y 的作用；如果 β_3 为负，则政府因素 Gov 弱化了市场因素 Mar 对农户施药行为 Y 的作用。交互项作用成立的条件是变量 $Mar \times Gov$ 的估计系数必须显著，市场因素 Mar 或政府因素 Gov 其中一个变量的估计系数显著。

高质量发展背景下稻农施药行为研究

续表

变量	单次用药剂量超标			施药频次		阅读农药标签	
	模型(7)	模型(8)	模型(9)	模型(10)	模型(11)	模型(12)	模型(13)
加入合作社	-0.148 (0.225)	-0.037 (0.289)	-0.074 (0.048)	-0.094 (0.061)	0.271 (0.232)	0.241 (0.230)	0.440 (0.280)
检测×价格约束		-0.139 (0.282)		-0.003 (0.063)			0.019 (0.298)
检测×产量效应		0.538 (0.503)		0.013 (0.101)			-0.578 (0.388)
检测×收购商		0.171 (0.261)	0.069** (0.028)	0.088 (0.057)			-0.604** (0.307)
检测×施药环节		0.030 (0.296)		-0.002 (0.059)			0.177 (0.296)
检测×合作社		0.207 (0.265)		-0.037 (0.048)			0.249 (0.260)
培训×价格约束	1.082*** (0.419)	1.155*** (0.437)		0.025 (0.096)	0.735* (0.424)		0.767 (0.479)
培训×产量效应		-0.493 (0.718)		-0.280 (0.184)			0.753 (0.763)
培训×收购商		-0.371 (0.617)		-0.057 (0.120)			-0.097 (0.604)
培训×施药环节		0.185 (0.562)		0.099 (0.139)		1.423** (0.606)	1.196* (0.685)
培训×合作社		-0.038 (0.496)		-0.022 (0.103)			0.138 (0.481)
控制变量	已控制			已控制		已控制	
常数项	-1.176*** (0.448)	-1.371*** (0.507)	0.581*** (0.114)	0.578*** (0.126)	-0.003 (0.411)	0.000 (0.420)	0.164 (0.451)
N	731	731	731	731	731	731	731
p	0.000	0.001	0.000	0.000	0.000	0.000	0.000

注：***、**、*分别表示变量在1%、5%和10%置信水平下显著，括号内为稳健标准误。
资料来源：作者实地调查。

126

第一，农户的单次用药剂量选择行为。模型（7）纳入了"安全用药培训"和"价格约束"的交互项，旨在检验价格约束对农户单次用药剂量超标与否行为的影响是否与安全用药培训有关。结果显示，"安全用药培训"的主效应估计值为 −0.024，但并不显著，这表明在不区别是否存在价格约束的情况下，安全用药培训对农户的单次用药剂量超标与否并不构成实质性影响。"价格约束"的主效应估计值为 −0.657（$p < 0.01$），这表明在控制其他条件不变的条件下，对未受过安全用药培训的农户而言，价格约束对他们单次农药剂量超标的行为具有显著的抑制作用。二者交互项效应值为 1.082（$p < 0.01$），安全用药培训会降低价格约束对单次用药剂量超标行为的负向影响程度，说明安全用药行为和价格约束对农户的单次农药剂量超标的行为的负向作用是累加的，二者并不是相互作用的。模型（8）纳入政府监管因素与市场环境所有变量的交互项，除了安全用药培训和价格约束的交互项在1%的水平上对稻农的单次用药剂量超标行为有显著影响之外，其他各项交互项均无统计显著性。这一结果暗示，价格约束对农户单次用药剂量超标行为的影响受培训的影响；而对于其他市场环境因素来说，它们对农户单次用药剂量超标行为的影响，都不存在是否受到政府质量安全检测或安全用药培训影响的差异。

第二，农户的施药频次行为。模型（9）纳入了"质量安全检测"和"与'质量型'收购商交易"的交互项，旨在检验与"质量型"收购商交易对农户施药频次的影响程度是否与政府的质量安全检测有关。结果显示，"质量安全检测"的主效应估计值为 −0.066（$p < 0.01$），对于与"质量型"收购商交易的农户来说，质量安全检测对他们的施药频次有微弱的负向作用。"与'质量型'收购商交易"的主效应估计值为 −0.041，但并不显著，这表明在没有质量安全检测的前提下，与

"质量型"收购商交易对农户的施药频次行为并不具有实质性的影响。二者交互项效应值为 0.069（$p < 0.05$），质量安全检测会降低与"质量型"收购商交易对农户施药频次的负向影响程度，也说明与"质量型"收购商交易对农户施药频次的影响，存在是否受到质量安全检测的差异。模型（10）纳入政府监管因素与市场环境所有变量的交互项，除了质量安全检测和与"质量型"收购商交易的交互项在 5% 的水平上对农户的施药频次有显著影响之外，其他各项交互项均无统计显著性，尽管如此，但政府监管因素与市场环境因素单独对农户施药频次的影响是显而易见的。

第三，农户阅读农药标签的行为。模型（11）纳入了"安全用药培训"和"价格约束"的交互项，旨在检验价格约束对农户农药标签的阅读行为的影响是否与安全用药培训有关。结果显示，"安全用药培训"的主效应估计值为 0.319，但并不显著，这表明在不区别是否存在价格约束的情况下，安全用药培训对农户的农药标签的阅读行为并不构成实质性影响。"价格约束"的主效应估计值为 1.072（$p < 0.01$），这说明对未受过安全用药培训的农户而言，价格约束对他们的农药标签阅读行为具有显著的促进作用。二者交互项效应值为 0.735（$p < 0.1$），说明安全用药培训会强化价格约束对农户阅读农药标签行为的积极影响，二者同时发生时会格外增强自身的效果，协同作用明显。模型（12）纳入了"安全用药培训"和"非专业外包防治"的交互项，旨在检验非专业外包防治对农户农药标签的阅读行为的影响是否与安全用药培训有关。结果显示，"安全用药培训"和"非专业外包防治"的主效应估计值均为正，但都不显著，二者交互项效应值为 1.423（$p < 0.05$），这说明安全用药培训和非专业外包防治同时发生时会格外增强变量的效果，二者的协同作用明显。模型（13）纳入政府监管因素与

市场环境所有变量的交互项，结果显示质量安全检测和与"质量型"收购商交易的交互项、安全用药培训和非专业外包防治的交互项对农户的施药频次有显著影响，其他各项交互项均无统计显著性。

8.6　本章小结

本章基于中国南方五省水稻主产区 731 户农户的调查数据，实证分析政府监管因素和市场环境因素对农户施药行为的影响，同时研究政府和市场之间的交互作用对农户行为的影响，得出以下结论。

（1）政府监管对农户施药行为具有两面性。一方面，政府监管对农户的农药使用量具有抑制作用，政府相关部门从监督管理和技术指导两方面双管齐下，对农户行为形成了较好的规范作用机制；另一方面，在市场体系不完善的条件下，部分农户应对风险能力较低，拒绝接受减少农药使用量造成的产量损失，产生对政府安全用药培训的不信任与不实施。同时，部分政府相关部门的作用发挥不及时、不到位、不全面，形成政府监管背景下农户对农药的高依赖度，因此就呈现出政府相关部门的监管低效、引导不善的反向效果。

（2）市场环境的积极作用偏弱、消极影响较大。在调研区域，市场环境因素对农户施药行为的影响总体表现出价格约束作用小、产量效应影响大、市场主体参与的消极影响大于积极影响等特征。产量和价格是影响农户农药使用量的两个直接因素。不使用农药对产量的影响存在个体主观认知差异，但在一定程度上是客观的，相当比例的农户拒绝产量损失，对农药依赖性较强。而且当前的市场机制发展不完善，农产品市场对农药残留超标的农产品价格约束力度低、范围小，农户更愿意选择他们认为的高产量而非高价格。

整体来看，在众多市场主体中，"质量型"收购商对农户施药行为的约束作用明显，合作社没有发挥应有的作用，非专业外包防治表现出了较强负外部性。从"质量型"收购商的作用可以看出，如果市场体制健全、运作机制完善，农户施药行为中的诸多问题单纯地依靠市场，就能得到缓解甚至解决的结果；从合作社的微弱作用可以看出，当前这一市场主体的组织化水平偏低，在对农户施药行为进行约束的辅助作用较弱；从非专业外包防治对农户施药行为的负外部性可以看出，当前市场体系的发展中存在短板，短板的桎梏是限制市场环境整体作用水平的直接因素。

（3）政府监管和市场环境的共同作用。政府监管和市场环境对农户施药行为有交互影响。政府监管是农产品质量安全的有力保障，而市场环境给农户创造有效运用其生计资本的机会和条件，二者共同构成农户行为外部环境，成为规范农户行为、促进农药减量增效的重要力量。当前我国的农业生产仍以小农为主，其分散性是政府监管高效和市场约束有力的障碍，在农户的生产环节，政府监管对农药用量的影响是有限的，市场环境对改善农户施药行为的效果优于政府监管。在我国，农产品安全监管由多个部门监管，各部门职责不清，农产品的质量安全问题也存在不被政府检测发现和处罚的可能性，再加上农户的分散性，因此政府监管的影响是有限的。尽管政府监管变量在农户施药行为中没有发挥重要作用，但是与市场环境因素形成了较好的交互作用，政府监管可为市场提供更好的环境，有助于建立良好的市场规范，进而压缩农户逆向选择的空间，以改变农户施药行为，提高我国农产品的质量和安全。

第 9 章

稻农绿色防控技术采纳行为分析

9.1 引言

农药是农业生产活动中的重要物质资料，可有效降低由病害、虫害和草害所造成的农作物产量损失，在农作物的生长环境中发挥着重要作用。也正是由于农药的病虫害防治作用，农户对农药产生高度依赖性，导致农药施用量的大幅增加甚至出现过量施用现象，特别是在当前的水稻生产种植中，农户的不科学规范、不安全环保、不经济高效等不合理施药行为层出不穷。这对农产品质量安全、人类生命健康乃至农业生态环境都带来巨大威胁。

为加快推进农业的绿色发展，统筹兼顾病虫害防治和化学农药减量的双重目标，我国政府大力推进以"预防为主、综合防治"为方针的绿色防控技术，这一技术可以兼顾农产品质量和农业生态环境的共同安全目标，被视为典型的农药替代型技术（Timprasert et al.，2014）。2015年，农业部在全国范围内启动了农药零增长行动，目标任务之一就是在 2020 年实现主要农作物绿色防控覆盖率达到 30% 以上。然而，绿色防控技术在我国的应用水平仍然不高，将其常规化使用的人数仍然不多，这已成为制约农业可持续发展的"瓶颈"问题之一（高杨等，2017）。2020 年中央一号文件中提到，要继续"加大农业面源污染防治力度，实施农药零增长行动"，可见，如何有效实现农药减量替代仍旧是政府部门和学术领域需要关注的重点和难点。相比传统的生产种植方式，绿色防控技术集经济效益和环境效益于一体，但技术本身还具备一定的未知性，究竟是什么因素阻碍农户对绿色防控技术采纳的行为决策与采纳程度呢？农户在采纳绿色防控技术后农产品产量的增长是否得以保障，化学农药施用量又是否减少了呢？这直接关系到农户对绿色防控技术采纳的长期性和信赖度。

9.2 文献回顾

9.2.1 农户绿色防控技术采纳行为的影响因素

基于农户行为理论、计划行为理论以及已有的相关研究，本书从不同角度归类并考察了现有研究中影响农户绿色防控技术采纳行为的因素，主要以农户个人特征、家庭特征、政策因素、技术因素等方面为主。

（1）个人特征。在农业生产的行为决策中，农户的个人特征发挥着基本性作用。农户文化水平越高，采纳环境友好型技术的意愿越强烈，采纳程度也就越高（姚文，2016；Korir et al.，2015）；作为追求个人效用最大满足的理性小农，农户认知是影响其绿色病虫害防治意愿的主要因素（李世杰等，2013）。

（2）家庭特征。农户整个家庭的劳动力数量越多，说明在技术使用过程中的辅助力量越大，农户越愿意采纳绿色防控技术（Ofuoku et al.，2008）。但也有研究认为，农户家庭的劳动力数量对新技术采纳决策存在显著反向影响（朱月季等，2015），他们认为劳动力供给与技术采纳之间是替代关系。

（3）政策因素。培训是促使农户采纳绿色防控技术的最有效方法（Supriya et al.，2013），农技部门对技术的培训推广会显著提升农户的采纳程度（Sharma et al.，2016）。

（4）技术因素。感知有效性对农户新技术采纳决策具有显著的正向影响（朱月季等，2015）当农户感知到绿色防控技术的有效性时，其采纳意愿更强烈（刘洋等，2015）。

整体来看，农户对绿色防控技术的优劣势的认知，将最终决定农户的生产行为决策。国内外学者将影响农户技术采纳行为的影响因素主要归结在农户的内在特征方面，对农户所处的市场和政府双重环境下的动力机制仍然关注较少。

9.2.2 农户绿色防控技术采纳行为的效应评价

技术革新是农业发展的核心动力。目前，已有研究对农户技术采纳行为的效应分析主要集中在产量、收入和环境等效应方面，但无论是哪一种效应研究，结论都不太一致。在农户绿色防控技术采纳行为的环境效应研究中，一部分学者认为农户采纳绿色防控技术，将会避免化学农药过量施用行为的发生（Sharma et al.，2016），采纳程度越高，意味着其每公顷土地的化学农药施用量越少（高杨等，2017），绿色防控技术的采纳是实现农业可持续发展的重要途径。但也有研究认为，绿色防控技术的采纳导致农户农药施用量增加（Yee et al.，1996），造成了农业生产成本增加，不利于农业的可持续发展。

在农户绿色防控技术采纳行为的增产和增收效应研究中，现有研究的观点也存在分歧。部分研究认为，与传统的病虫害防治方式相比，绿色防控技术显著提高了农户的水稻产量（赵连阁等，2013），可以显著减少农药施用次数，达到增收目的（蔡书凯，2013）。另一部分研究则认为，绿色防控技术的采纳对产量、收入并未存在显著影响，甚至有负向影响（储成兵，2015）。可见，已有研究对绿色防控技术在农业生产的作用并未达成一致观点，值得探究。

9.2.3　本书的拓展

本书在对已有研究进行总结与分析的基础上，将从以下几方面进一步拓展：

（1）在研究视角上，已有研究在影响农户绿色防控技术采纳的因素分析中，多从农户个人特征、家庭特征、技术因素等方面展开，对于自变量的选取未能形成一个统的一分析框架，特别是将市场因素和政府因素相结合的较少，所以本书将综合市场环境和政府监管等两类因素，分析农户采纳绿色防控技术的行为决策和采纳程度。另外大多数研究还忽视了在农户行为决策中家庭口粮比例所起的重要作用，事实上，农户是绿色防控技术最直接的微观实践主体，其家庭的口粮比例是农户技术进步动力不足的主要诱因之一，它将直接影响到农户采纳绿色防控技术的行为决策和采纳程度，所以本书将"口粮比例"纳入农户技术采纳行为的影响因素当中。通过在研究视角上的拓展，以期对现有的绿色防控技术研究进行补充和完善，为该技术的深入推广提供一定的理论基础和现实依据。

（2）在研究内容上，已有研究主要集中在对绿色防控技术采纳的影响因素分析上，对技术采纳的效应评价单一，大多数研究只从绿色防控技术对化学农药施用量的影响或对农作物产量的效果进行单一分析，缺乏对绿色防控技术经济效应和环境效应的双重评价，而且已有的研究结果并不一致。因此，本书在探究农户采纳绿色防控技术行为影响因素的基础上，将其经济效应、环境效应分析也纳入研究，以期形成一个完整的农户行为和技术效应的分析路径。

（3）在研究方法上，已有研究主要采用 Probit 模型、Logistic 模型对农户绿色防控技术采纳行为的影响因素进行分析，而且也仅是对技术采纳意愿或技术采纳行为的单一程度研究，没有充分考虑农户采纳绿色防控技术行为决策的内在逻辑与驱动路径。本书将选取 Heckman 两阶段模型拟合农户的两步行为——"农户对绿色防控技术采纳的行为决策"与"农户绿色防控技术的采纳程度"，对两者间差异和关联的对比研究，并在此基础上选用联立方程模型分析技术采纳的经济效应与环境效应。

9.3　理论基础与分析框架

基于舒尔茨的"理性小农"思想，本书假设利润最大化是稻农的生产目标。在现阶段的农业生产活动中，农户为追求利润最大化，对水稻病虫害的防治仍以农药投入为主，这是他们在权衡成本收益的基础上所做出的行为决策。当稻农面临农药替代型技术的革新时，他们会将经济利益置于首位，只有新技术的预期净收益大于现有技术的净收益时，稻农才会考虑采纳新技术，反之则拒绝采纳。农户绿色防控技术采纳的收益最大化函数表达式为：

$$\underset{GCT,n}{\text{Max}} = EU\{[\pi_1(GCT) + r_1(GCT)\mu - C] \times n + \pi_0 \times (N-n) - F\}$$

$$(9.1)$$

其中，$E(\cdot)$ 表示农户对水稻种植收入的期望，EU 表示效用期望最大化；GCT 表示农户采纳绿色防控技术，$r_1(GCT)$ 表示农户采纳绿色防控技术的风险；$\pi_1(GCT)$ 表示农户采纳绿色防控技术所获得的单位收益，π_0 表示农户未采纳绿色防控技术所获得的单位收益；C 表示农户采纳绿色防控技术的单位成本，F 表示农户采纳绿色防控技术的固定成本；N 表示农户的种植总面积，n 表示农户采纳绿色防控技术的种植面积；μ 代表均值为 0 的随机变量。

基于"理性小农"的假设，农户选择技术革新的条件为：

$$[\pi_1(GCT) + r_1(GCT)\mu - C] \times n + \pi_0 \times (N-n) - F - N\pi_0 \geqslant 0$$

$$(9.2)$$

由式（9.1）和式（9.2）整理得到：

$$r_1(GCT)\mu(\cdot)n^* \geqslant [C + \pi_0 - \pi_1(GCT)]n^* + F \qquad (9.3)$$

其中，n^* 表示最优的种植规模，$\mu(\cdot)$ 表示农户采纳绿色防控技术的风险函数。将式（9.3）整理可得到：

$$\mu(\cdot) \geqslant \frac{[C + \pi_0 - \pi_1(GCT)]n^* + F}{r_1(GCT)n^*} \qquad (9.4)$$

其中，$\mu(\cdot) \in [0,1]$，且其余变量均为常数，则假设式（9.4）为常数 λ_0。那么，农户采纳绿色防控技术的风险条件为：

$$y_i = \begin{cases} 1, \mu(\cdot) \geqslant \lambda_0 \\ 0, \mu(\cdot) < \lambda_0 \end{cases} \qquad (9.5)$$

由式（9.5）可得农户采纳该技术的概率表达式：

$$\ln\left[\frac{P(\mu \geqslant \lambda_0)}{P(\mu < \lambda_0)}\right] = \ln\left[\frac{P(y=1)}{P(y=0)}\right] = \alpha + \beta X_i + \xi_i + \varepsilon_i \qquad (9.6)$$

其中，X_i 表示影响农户采纳绿色防控技术的矩阵变量；α 为常数项；β 为待估参数；ξ_i 代表不可观测的变量；ε_i 为误差项。

基于上述分析以及调研区域农户采纳绿色防控技术的实际情况，本书构建了农户绿色防控技术采纳行为的分析框架，如图 9-1 所示。

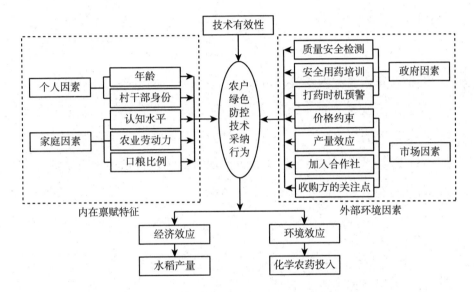

图 9-1　农户绿色防控技术采纳行为的分析框架

9.4　模型构建与变量选择

基于中国南方五省水稻主产区的农户调查数据，本书利用 Heckman 两阶段模型对农户绿色防控技术的影响因素进行分析，在此基础上利用联立方程模型，探究农户绿色防控技术采纳行为的经济和环境效应。

9.4.1　Heckman 两阶段模型

在农户对绿色防控技术的采纳行为中，"行为决策"与"采纳程度"是两种不同却又紧密相连的行为，农户只有在具有绿色防控技术采纳行为的情况下才会出现不同的采纳程度。因此，本书选取 Heckman 两阶段模型来拟合农户的两步行为合并决策问题。

在第一阶段，构建农户对绿色防控技术采纳的行为决策模型，并利用全样本农户数据进行 Probit 模型回归估计样本选择的概率，且得到逆米尔斯比。Probit 模型如下：

$$Prob(decision_i = 1) = \phi(\beta_0 + \sum_{i=1}^{n} \beta_i x_i) \qquad (9.7)$$

其中，左侧表示因变量，指代某个事件发生的概率，在本书中表示农户绿色防控技术采纳决策行为的概率。$\phi(\cdot)$ 是累积的正态分布函数，x_i 表示影响因素，β_i 是与之相应的待估参数，β_0 是常数项。在通过 Probit 模型计算出每一个样本农户采纳绿色防控技术行为决策的概率后，本书构建了一个修正因子，如下所示：

$$\lambda = \varphi(\beta_0 + \sum_{i=1}^{n} \beta_i x_i) / [1 - \phi(\beta_0 + \sum_{i=1}^{n} \beta_i x_i)] \qquad (9.8)$$

其中，λ 是逆米尔斯比，$\varphi(\cdot)$ 与 $\phi(\cdot)$ 分别是标准正态分布的密度函数与累积分布函数。

在第二阶段，将 λ 作为解释变量放入回归方程，从而判定农户行为决策的自选择性究竟是否会给农户绿色防控技术的采纳程度带来显著性影响。这是一个数量分析阶段，其估计模型定义为：

$$y = \alpha_0 + \sum_{i=2}^{n} \alpha_i x_i + \omega\lambda + \varepsilon \qquad (9.9)$$

其中，y 代表农户绿色防控技术的采纳程度，x_i 表示控制变量，α_0 是回归常数项，α_i、ω 是待估参数，ε 是随机误差项。

9.4.2　联立方程模型

本节将通过联立方程模型分析农户采纳绿色防控技术的经济与环境效应。在经济效应评价中，本书选取农户家庭的水稻产量作为评价指标；在环境效应评价中，本书选取农户的化学农药施用量作为评价指标。

在计算农户水稻产量时，考虑到不同省份水稻的产量差异，在模型中加入地区控制变量。因此，基于农户的利润最大化追求，假定水稻的投入产出符合 C-D 生产函数，首先，本书构建了农户的水稻产出供给方程，该方程用于检验农户绿色防控技术采纳对水稻产量的影响程度，如式（9.10）所示。其次，本书构建了农户的农药投入需求方程，该方程用于检验农户绿色防控技术采纳对化学农药施用量的影响，如式（9.11）所示。

$$\ln Y = \alpha_0 + \alpha_1 \ln pesticide + \sum_{i=1}^{n} \alpha_{2i} \ln X_i + \alpha_3 GCT + \varepsilon \quad (9.10)$$

$$\ln pesticide = \beta_0 + \beta_1 GCT + \sum_{j=1}^{m} \beta_{2j} C_j + v \quad (9.11)$$

式（9.10）为水稻产出供给方程，其中，Y 表示农户家庭的水稻产量，$pesticide$ 表示农户的化学农药施用量，X_i 表示除化学农药以外的其他生产要素投入以及种植面积，以上变量全部采用对数形式。核心解释变量"农户对绿色防控技术的采纳"用 GCT 表示。α_0、α_1、α_2、α_3 均为待估参数，ε 为随机扰动项。若 α_3 显著大于 0，说明经济效应显著。

式（9.11）为农药投入需求方程。C_j 代表一系列的控制变量，β_0、β_1、β_2 均为待估参数，v 为随机扰动项。若 β_1 显著小于 0，则说明环境效应显著。从式（9.10）和式（9.11）可知，农户化学农药施用量为内生解释变量，它不仅是水稻产出供给方程的自变量，同时也是农药投入需求方程的因变量。因此，本书选用联立方程模型来克服内生性问题。

9.4.3 变量说明

调研区域内，稻农的年龄结构趋于老龄化，长达数十年的水稻种植使其经验丰富却也固化了其用药习惯和用药思维。现阶段他们的文化程度主要还是以义务教育阶段为主，文盲率和高学历比率都较低，说明农户对农药使用技术和知识的掌握程度受文化限制较小，但对文化程度要求高的新型技术的接受程度可能较低。农户家庭的农业劳动力平均为2人，农业生产人口占家庭平均常住人口的48.05%。农户单位面积的农药投入均值在97.71元/亩，1/3以上的农户每亩农药投入高于100元。在对绿色防控技术的采纳程度上，仅有71户采纳了一种及以上绿色防控技术，累计占比9.71%，采纳比例较低（见表9-1）。

表9-1 农户的农药施用强度和对绿色防控技术的采纳程度

统计特征	分类指标	样本数（户）	百分比（%）
农药施用强度	50元/亩以内	172	23.53
	50~100元/亩	286	39.14
	100~150元/亩	174	23.82
	150元/亩以上	99	13.56
农户绿色防控技术的采纳程度	0种	660	90.29
	1种	38	5.2
	2种	22	3.01
	3种及以上	11	1.51

资料来源：作者实地调查。

在农户绿色防控技术采纳行为的影响因素中，本书除农户个人和家庭因素外，同时纳入了政府因素和市场因素等外部特征因素。同时，在家庭因素中，引入口粮比例变量。另外，为了有效地识别方程，在农户对绿色防控技术采纳行为决策的影响因素中，必须包含一个只影响农户行为决策而不影响农户采纳比例的变量。为此，本书选择"技术有效性"作为识别变量，技术的有效性只会影响农户对绿色防控技术的采纳决策，但并不会影响农户的采纳程度。具体说明如表9-2所示。

表 9 - 2   Heckman 两阶段模型的变量释义

变量类型	变量名称	变量释义	均值	方差
因变量	采纳程度	农户采纳了几种绿色防控技术（种）	0.17	0.61
个人因素	年龄	农户的年龄（岁）	55.27	10.27
	村干部身份	农户是否是村干部：是 =1，否 =0	0.19	0.39
	认知水平	农药残留严重人体健康危害：是 =1，否 =0	0.51	0.50
家庭因素	农业劳动力	家庭从事农业生产的劳动力数量（人）	2.09	0.91
	口粮比例	家庭水稻产量中的口粮比例（%）	0.32	0.37
政府因素	质量安全检测	水稻受到检测的频次（次）	1.06	18.50
	安全用药培训	农户是否参加过安全用药培训：是 =1，否 =0	0.49	0.50
	施药时机预警	植保站是否提前通知打药时间：是 =1，否 =0	0.54	0.50
市场因素	价格约束	农残超标时，农产品价格是否会下跌：是 =1，否 =0	0.54	0.25
	产量效应	农户认为不使用农药所造成的减产损失比例（%）	0.45	0.50
	加入合作社	农户是否加入合作社：是 =1，否 =0	0.26	0.44
	收购方的关注点	收购商更关注稻米什么特征：内在 =1，外部 =0	0.20	0.40
识别变量	技术的有效性	农户对绿色防控技术的感知：有效 =1，无效 =0	0.72	0.45

资料来源：作者实地调查。

联立方程系统由内生变量和外生变量二者共同构成。其中，前者是由系统内部所决定，主要包括稻农每季的水稻产量和农户化学农药投入。后者则由系统外部所决定，主要包括核心变量"绿色防控技术"、除化学农药投入以外的其他要素投入以及一些控制变量。另外，为消除地区差异对因变量产生影响，本书引入了不同省份的控制变量，在方程组中均加入以控制不同省份间的差异。各变量含义如表 9 - 3 所示。

表 9 – 3   联立方程模型的变量释义

变量类型	变量名	变量释义	均值	方差
内生变量	水稻产量	每亩水稻产量（斤）	1047.92	173.98
	化学农药投入	每亩化学农药成本（元）	97.72	63.63
核心变量	绿色防控技术	绿色防控技术的采纳程度	0.17	0.61
投入变量	化肥投入	每亩化肥成本（元）	146.01	73.33
	种苗投入	每亩种苗成本（元）	75.46	47.24
	劳动力投入	每亩劳动力成本（元）	113.04	160.87
	灌溉投入	每亩灌溉成本（元）	22.43	31.09
	机械投入	每亩机械成本（元）	200.55	119.50
	其他物质投入	每亩其他物质成本（元）	30.51	105.19
	种植面积	农户的种植面积（亩）	115.93	348.21
控制变量	年龄	农户的年龄（岁）	55.27	10.27
	受教育年限	农户的受教育年限（年）	8.11	3.13
	口粮比例	家庭水稻产量中的口粮比例（%）	0.32	0.37
	产量效应	农户认为不使用农药所造成的产量损失比例（%）	0.54	0.25
	加入合作社	农户是否加入合作社：是 = 1，否 = 0	0.26	0.44
	政府监管	生产种植过程是否受到政府的监管：是 = 1，否 = 0	0.37	0.48
	安全用药培训	农户是否参加过安全用药培训：是 = 1，否 = 0	0.49	0.50
	收购商关注点	收购商更关注稻米什么特征：内在 = 1，外部 = 0	0.20	0.40

资料来源：作者实地调查。

9.5 影响因素的实证结果

在 Heckman 两阶段模型估计中，逆米尔斯比系数显著，说明本书得到了农户对绿色防技术采纳行为研究的一致性估计。具体实证结果如表 9 – 4 所示。

表 9 – 4　　　　　　　　　Heckman 两阶段模型的实证结果

变量	Heckman 两阶段				OLS		Logit	
	采纳程度		行为决策		采纳程度		行为决策	
	系数	标准误	系数	标准误	系数	标准误	系数	标准误
年龄	0.018	0.015	-0.020**	0.008	-0.006***	0.002	-0.037***	0.014
村干部身份	-0.634*	0.371	0.485***	0.188	0.106*	0.061	0.922**	0.382
认知水平	0.489**	0.243	0.173	0.152	0.074*	0.042	0.332	0.297
农业劳动力	0.248**	0.125	0.097	0.074	0.070***	0.031	0.201	0.127
口粮比例	0.622*	0.371	-0.467**	0.220	-0.051	0.058	-0.906**	0.446
质量安全检测	0.006**	0.003	0.006	0.008	0.009***	0.000	0.010***	0.003
安全用药培训	0.626*	0.322	0.020	0.172	0.044	0.038	0.108	0.283
施药时机预警	-0.869**	0.341	0.251	0.191	0.032	0.065	0.542	0.390
价格约束	-0.152	0.298	0.363**	0.171	0.093*	0.049	0.665*	0.352
产量效应	-0.366	0.519	0.440	0.322	0.071	0.091	0.865	0.586
加入合作社	-0.252	0.288	0.418***	0.157	0.091*	0.063	0.780**	0.310
收购方的关注点	-0.944***	0.295	0.160	0.183	0.015	0.059	0.365	0.337
技术的有效性			0.863***	0.241			1.881***	0.597
地区虚拟变量	已控制		已控制		已控制		已控制	
常数项	1.234	1.208	-1.781***	0.636	0.161	0.190	-3.524***	1.313
逆米尔斯比	-0.995*							
rho 系数	-0.883							
Wald 卡方值	45.7***							

注：***、**、*分别表示变量在1%、5%和10%置信水平下显著。
资料来源：作者实地调查。

9.5.1　农户个人特征因素

（1）年龄。从第一阶段到第二阶段，年龄变量对绿色防控技术采纳的决策行为及采纳程度的影响，从显著的负向相关到不显著的正向相关，说明年龄变量仅对农户第一阶段的行为决策起作用，但并不影响农户对绿色防控技术的采纳程度。尽管方向发生变化，但考察一下年龄变量在两个方程中的系数大小可知，它是接近于 0 的系数，可以认为，年龄对农户的绿色防控技术的采纳行为的影响较小，可能仅仅在 0 附近，影响很弱。

（2）村干部身份。在第一阶段，一般而言，村干部在新型技术的推广和应用中，承担重要的带头示范任务，因此，农户的干部身份一般会促进其对绿色防控技术采纳的行为决策。在第二阶段，对于已采纳绿色防控技术的农户来说，如果是村干部身份，则其采纳程度较低，这可能是由于村干部的农业生产不是其主要收入来源，所以在农业生产中可能不会投入较多精力，只会象征性地采纳一种或两种新技术。

（3）认知水平。在第一阶段的估计中，认知水平系数不显著，说明农户的认知水平对农户采纳绿色防控技术的行为决策过程并没有明显的作用。在第二阶段，认知水平的作用开始显现，显著正向作用于农户对绿色防控技术的采纳程度，说明农户的认知水平越高，农户采纳绿色防控技术的程度越高。

9.5.2 农户家庭特征因素

（1）农业劳动力。在第二阶段，农业劳动力变量对农户绿色防控技术的采纳程度的影响方程中是显著的正系数；而在第一阶段的采纳决策行为方程中，尽管不显著，但我们同样得到了正的系数估计值。这可能是由于农业劳动力人口较多的家庭，收入来源以农业种植为主，全部精力都投入在农业生产中，接触和了解绿色防控技术的可能性较大，因此采纳的程度较高。这与已有研究结果较为一致，劳动力数量对农户绿色防控技术的采纳意愿产生显著正向影响（高杨等，2017）。

（2）口粮比例。在第一阶段，当前以口粮为主的农户不会选择采纳绿色防控技术，这可能是由于这类农户主要以传统小农户为主。一般而言，传统农户缺乏技术进步的资源条件，但更为重要的是他们缺乏技术进步的驱动力（何秀荣，2016）。他们的生产目标是"自用"，一般对于病虫害选择"零防治"态度，同时也缺乏新型的绿色植保技术与知识。而在第二阶段，对于已经有绿色防控技术采纳行为的农户，口粮比例越大，采纳程度越高。相比之下，他们是有能力且有愿意投入更多精力进行农业生产的农户，当自用的口粮比例越大，其绿色防治的程度也就越高。可见，在农户新技术的采纳行为中，其家庭的口粮比例是影响农户行为决策和采纳程度的重要因素。

9.5.3　政府因素

在政府因素中，质量安全检测、安全用药培训和用药时机预警都在第二阶段显著作用于农户的绿色防控技术采纳程度。但是，不同变量的影响方向和程度不同。

（1）质量安全检测。在第二阶段，质量安全检测这一变量对农户绿色防控技术的采纳程度的影响方程中是显著的正系数，表明农户受到的质量安全检测越多，越倾向于增加绿色防控技术的采纳程度。而在第一阶段的采纳决策行为方程中，尽管不显著，但我们同样得到了正的系数估计值。但从两个方程中的系数大小可知，政府的质量安全检测在农户的绿色防控技术采纳行为中只起到微弱的积极作用。

（2）安全用药培训。在矫正样本选择性偏差后，在第二阶段，相比未参加过安全用药培训的农户，参加过培训的农户的绿色防控技术采纳程度高出62%。可见，技术培训是促使农户采纳绿色防控技术的最有效方法（Supriya et al.，2013），培训虽然并不显著影响农户的行为决策，但对已经决定采纳绿色防控技术的农户来说，会显著增加他们的采纳程度。

（3）施药时机预警。在控制样本的自选择性后，政府部门的施药时机预警，在5%的水平上显著负向作用于对农户的绿色防控技术的采纳程度。这可能是由于使用绿色防控技术需要投入较大的人力与物力，农户面临资源匮乏、植保效果难以保证的困境。如果此时，植保站等政府部门在化学农药施用上提供施药时机预警等便利措施，农户便更倾向于选用化学农药，而非绿色防控技术。可见，一些看似利好于农户安全用药的措施实则具有双面性，利弊相存。

9.5.4　市场因素

在众多市场因素中，价格约束、加入合作社等变量显著作用于农户绿色防控技术采纳的行为决策，收购方的关注点则起相反作用。产量效应无论在第一阶段还是第二阶段都不明显影响于农户的绿色防控技术的采纳行为。

（1）价格约束。市场对农药残留超标农产品的价格约束，会促进农户对绿色防控技术采纳的行为决策。这是因为，价格是农户收入的保障，当市场存在对农药残留超标农产品的价格约束时，农户势必会降低自家农产品的农药残留，来迎合市场需要，从而保障农业收入。但价格约束目前尚不显著影响农户对绿色防控技术的采纳程度。

（2）加入合作社。实证结果显示，加入合作社这一变量在农户绿色防控技术采纳行为决策的影响方程中是显著的正系数，说明加入合作社的农户比未加入合作社的农户更倾向于采纳绿色防控技术。合作社是重要的市场主体之一，它通过社内管理模式来引导农户进行安全生产，如对农户收获的农产品进行统一的农药残留检测、对农户收获的农产品进行质量分级和差价收购等，来帮助农户满足市场需求并实现收益目标。

（3）收购方的关注点。收购方的关注点对于农户绿色防控技术的采纳程度起到了较强抑制作用。对于已经采纳绿色防控技术的农户来说，其在农产品销售过程中，越被关注农产品的农药残留与否等内在特征，农户越倾向于降低绿色防控技术的采纳程度。这可能是由于技术本身所具有的复杂性，使农户在实际运用中不得要领致使运用效果差，当收购市场要求越严格，他们越倾向于规避生疏技术的潜在风险。当然，我们并不能否认收购方在农户农药施用行为中的潜在作用，本研究只是表明在我国现实环境条件下，收购方对于农户绿色防控技术的采纳程度的作用没有得到恰当的发挥。

此外，技术的有效性作为识别变量，显著作用于选择方程中的因变量，这说明农户越感知绿色防控技术的有效性，越倾向于采纳。总体来看，在农户绿色防控技术采纳的决策行为中，农户以市场为导向，市场因素的影响显著，作用明显；而在农户绿色防控技术的采纳程度阶段，政府因素才是关键因素，影响显著。

为保证结果的稳健性，我们将 Heckman 两阶段模型的估计结果与普通最小二乘法和 Logit 模型的估计结果分别进行对比，结果显示几种估计方法的结果较为接近，说明上述的研究结果具有稳健性。

9.6 效应评价的实证结果

本章通过联立水稻产出的供给方程与农药投入的需求方程，对农户绿色防控技术采纳行为进行经济效应和环境效应分析。在选择联立方程组的估计方法前，先行通过 Hausman 检验法，检验模型的在内生性问题，结果显示"chi2（1）= 8.56***"，这说明模型的确存在内生性问题，水稻产量与化学农药施用量在1%的显著性水平下具有联合显著性。

由于存在内生变量，直接使用普通最小二乘法（OLS）估计联立方程组中的方程将导致"内生变量偏差"或"联立方程偏差"，其估计结果不再是一致的。在模型存在内生性的前提下，二阶段最小二乘法（2SLS）也不是最好的选择，它忽略了不同方程的扰动项之间可能存在相关性。此时，选用三阶段最小二乘法（3SLS）对联立方程组进行估计是最有效的，它将所有方程作为一个整体进行估计（陈强，2014）。因此，本章采用3SLS对联立方程组进行实证分析，研究农户绿色防控技术的采纳对水稻产量的影响和对化学农药施用量的影响（见表9－5）。在水稻生产种植中，化学农药的杀虫、灭菌、控草等作用功不可没，但过剩的农药使用量也给生态、社会和经济的可持续发展带来巨大的破坏和危害，因此，当前的农业生产急需一种新型技术部分或全部替代化学农药的使用，而绿色防控技术不失为其中一种较好的选择。

表9－5　　　　　　　　　绿色防控技术的效应分析实证结果

| 变量 | 三阶段最小二乘法（3SLS） | | | | 普通最小二乘法（OLS） | | | |
| | 水稻产出供给 | | 农药投入需求 | | 水稻产出供给 | | 农药投入需求 | |
	系数	标准误	系数	标准误	系数	标准误	系数	标准误
农药投入	0.044 **	0.021	—	—	0.011 **	0.006	—	—
绿色防控技术	0.025 ***	0.009	− 0.109 **	0.054	0.021 **	0.008	− 0.108 **	0.054
化肥投入	0.014 *	0.008			0.013 *	0.008		
种苗投入	0.005	0.003			0.005	0.003		
劳动力投入	− 0.001	0.003			− 0.001	0.003		
灌溉投入	0.002	0.002			0.002	0.002		
机械投入	0.006 ***	0.002			0.006 ***	0.002		
其他物质投入	0.002	0.001			0.002	0.001		
农药投入	− 0.001	0.004	0.010	0.024	0.001	0.003	0.011	0.024
年龄	—	—	− 0.002	0.003			− 0.001	0.004
受教育年限	—	—	− 0.019 *	0.011			− 0.021 *	0.012

续表

变量	三阶段最小二乘法（3SLS）				普通最小二乘法（OLS）			
	水稻产出供给		农药投入需求		水稻产出供给		农药投入需求	
	系数	标准误	系数	标准误	系数	标准误	系数	标准误
口粮比例	—	—	-0.455 ***	0.096	—	—	-0.467 ***	0.098
政府监管	0.006	0.012	-0.054	0.074	0.004	0.012	-0.053	0.075
安全用药培训	0.007	0.011	-0.004	0.073	0.005	0.011	-0.004	0.074
加入合作社	-0.020	0.012	-0.006	0.078	-0.021 *	0.012	-0.007	0.079
产量效应	—	—	0.633 ***	0.132	—	—	0.636 ***	0.136
收购商关注点	—	—	-0.215 ***	0.083	—	—	-0.183 **	0.085
地区变量	已控制		已控制		已控制		已控制	
常数项	6.679 ***	0.077	3.480 ***	0.283	6.789 ***	0.041	3.446 ***	0.293
N	731				731			
R^2	0.322		0.333		0.355		0.333	
p	0.000		0.000		0.000		0.000	

注：***、**、*分别表示变量在1%、5%和10%置信水平下显著。
资料来源：作者实地调查。

（1）经济效应。在3SLS估计的水稻产出供给方程中，绿色防控技术在1%的水平上显著正向作用于水稻产量，这表明稻农采纳该技术可以显著提高每亩的水稻产量，增产效果明显。农户的化学农药投入在5%的水平上，显著正向作用于水稻产量，可见，化学农药仍是促进水稻产量增长的重要因素。相比之下，农户采纳绿色防控技术比施用化学农药对水稻产量的影响程度更明显，这或许与长期施用化学农药所带来的负面效应有关。此外，投入要素中对水稻产量有显著影响的还有化肥投入与机械投入，但二者的增产效果也都低于绿色防控技术，这从侧面说明了绿色防控技术对于水稻产量增长的重要性。另外，绿色防控技术的采用，对于稻米本身而言，也是良好的品质保障，利于经济价值的实现。

（2）环境效应。在3SLS估计的化学农药需求方程中，绿色防控技术在5%的水平上显著负向作用于化学农药投入，说明农户采纳绿色防控技术可以显著减少每亩的化学农药施用量，减量效果较为明显。在防治效果上，绿色防控技术与化学农药防治相当，如赤眼蜂防治水稻螟虫技术相对成熟。绿色防控技术以"绿色植保"为理念，是一种科学、合理、安全的病虫害防治手段，在摒弃化学农药所带来的农产品质量安全问题、生态环境问题等缺点的同时，又可以确保农作物的生产安全，促进农业的增产、增收，是对化学农药防治的一种较好的替代。

在控制变量中，农户家庭的口粮比例在1%的水平上，显著负向作用于化学农药的施用量，这表明口粮比例是决定农户化学农药施用量的关键因素。当农户的生产目标越偏向于"自用口粮"时，农户越注重食物安全，不愿意使用较多的化学农药。收购商的关注点也是影响农户对农药施用量选择的重要因素，在1%的水平上显著负相关。收购商是农产品生产流通中重要主体，当收购商越关注稻米的质量安全，农户就越倾向于减少化学农药施用量，来迎合市场的需求。农户的受教育年限也对自身的化学农药施用量起到微弱的负向作用。产量效应是影响农户化学农药施用量的不利因素，且在1%的水平上显著，说明农户越是担忧由于减少施用化学农药所带来的产量损失，就越会加大农药的投入量。

为保证结果的稳健性，本书将3SLS的估计结果与普通最小二乘法（OLS）的估计结果进行对比，结果显示，OLS弱化了绿色防控技术对水稻产量增产作用的显著性。整体来看，两种估计方法的结果较为接近，研究结果具有稳健性。

9.7 本章小结

基于中国南方五省 731 户农户的实地调研数据，本章通过利用
Heckman 两阶段模型对农户绿色防控技术的影响因素进行分析，在此基
础上利用联立方程模型，探究农户绿色防控技术采纳行为的经济和环境
效应，有如下研究结果：

第一，在农户绿色防控技术采纳行为决策阶段，农户的个人特征、
家庭特征中口粮比例、市场因素以及技术的有效性等变量的作用显著。
在农户绿色防控技术的采纳程度阶段，农户的个人特征、家庭特征中口
粮比例和政府因素等变量的作用显著。总体来看，农户的村干部身份和
家庭的口粮比例在两个阶段都产生了显著的作用。

第二，农户对绿色防控技术的采纳兼具经济和环境双重效应，它在
摒弃化学农药所带来的农产品质量安全问题、生态环境问题等缺点的同
时，又可以确保农作物的生产安全，促进农业的增产、增收，是对化学
农药防治的一种较好的替代。

第 *10* 章

稻农施药行为与农产品质量安全

10.1 引言

农村改革以来，中国农产品的供给能力迅猛增长，"十二连增"打破了粮食紧缺的藩篱，农产品的"数量安全"基本得到保证（钟真等；2014）。随着农产品市场化和国际化的持续深入以及社会生活质量水平的不断提高，人们的农产品消费理念逐步倾向于绿色、健康的新标准，然而农产品质量安全事件的屡见不鲜，使消费者对市场的信赖程度降低，中国农产品又陷入"质量安全"的痼疾之中（韩杨等，2014）。农产品作为物质生活的基础，其质量安全不仅关乎消费者的健康需求，亦是维系社会稳定和保障经济发展的基石，保障农产品质量安全无疑是各界热议的话题。中央政策连续多年强调要重视农产品质量安全监控工作，2017 年中央一号文件中更是明确提出"全面提升农产品质量和食品安全水平。坚持质量兴农，实施农业标准化战略，突出优质、安全、绿色导向，健全农产品质量和食品安全标准体系"的指导方针。

纵向观之，农产品质量安全涵盖从农场到餐桌的整个系统性工程，保障质量安全的源头重点在于农产品的生产环节（徐晓新，2002），而这其中最突出的问题则是农药滥用现象。农药作为农业生产中不可或缺的投入要素，在控制病虫害、提高作物产量等方面具有显著的效果，但农药的不规范施用也带来了负外部性影响，高毒和高残留农药使生态环境受到污染，对农产品质量安全造成极大的威胁（蔡荣，2010）。农户作为农业生产活动的主体，掌握着农业生产要素投入决策权，其农药施用行为直接影响着农产品的质量安全。鉴于农户在农药使用中的主体地位，诸多学者探讨了微观层面农户施药行为的影响因素，如农户的风险偏好（米建伟等，2012；侯麟科等，2014），农户对于农药施用标准、农药残留、安全隔离期和废弃物处理等认知（王建华等，2015；童霞等，2014；吴林海等，2011），以及政府农技推广和质量监管等（王绪龙、周静，2016；黄祖辉等，2016）。也有学者关注到兼业对农药施用行为的影响，如陈锡文（2011）指出，伴随着我国农业的快速发展，劳动力投入不足对农业生产造成的不利影响也逐渐显现。大量研究表明，兼业经营显著减少了农户自家农业生产中的劳动投入（陈超等，2014；柴春娇等，2014；诸培新等，2016），为了降低由于劳动力投入不足而造成的产量损失，农户普遍存在以其他生产要素投入替代劳动力的现象（应瑞瑶等，2013；李庆等，2013），从而造成农药、化肥的过量施用。也有学者认为当农户农业劳动力投入受到兼业挤压时，农户的种粮积极性会有所降低，从而选择粗放经营的生产方式，减少农药等要素的投入，直至家庭农业萎缩（陆一香，1988；李苏，2000）。与此同时，非农就业也提高了农户的家庭收入，放松了农户的信贷约束（Taylor et al.，2003），为农户生产性投资提供了可能的资金来源。纪月清等（2015）的研究指出，非农收入增加对生产性投资产生作用的前提条件是农户面临相应的资金约束，并且该项投资有稳定的预期收益。反观农药投入，属于短期必要性投入，且农药支出的绝对值以及占农业总投入的比重均较小，资金的丰裕程度对其影响甚微（李庆等，2013）。另外，随着收入的增长，农户愈发关注食品安全问题，作为"二元身份"的载体，农户普遍存在区别对待出售农产品与自留农产品的行为，故而兼业所引起的劳动时间配置以及收入结构差异势必会对农户的农药施用行为产生影响。

梳理相关文献可以发现，鉴于农产品质量安全的重要性日益凸显，学者针对微观层面农药施用行为展开了充分的探讨，其中也有一些学者关注到农户兼业对农药施用的可能影响，但大部分研究以定性描述为主，且研究多集中于某一特定视角的探讨，故而研究结论也是莫衷一是。基于此，本章立足于农业劳动力持续转移的现实基础，充分考虑农户"二元身份"性质，尝试构建农户兼业对其农药施用行为影响的理论分析框架，并利用湘赣苏三省水稻种植的经验证据予以实证检验，为相关部门减少农药施用量、控制农产品质量安全提供一定的参考。

10.2 理论框架与研究假说

借鉴加里·贝克尔（Gary S. Becker）的标准农户模型，假定本书研究对象是农村无遗产继承、收入转移且不参与金融信贷市场的普通农户，并认为农户行为决策背后的动机是实现自身的效用最大化，具体的模型形式如式（10.1）所示：

$$\max U = u(c, l, \xi)$$
$$c = Y_a + Y_b \tag{10.1}$$

其中，c 代表所有的消费品，l 代表农户的闲暇时间，ξ 代表农户的禀赋特征。式（10.1）的经济学解释可概括为农户基于家庭特征 ξ 的考虑，会在消费和闲暇之间进行权衡以使效用达到最大。在给定消费者家庭特征和闲暇时间的基础之上，农户效用最大化即转化为收入最大化问题。在没有财产继承、收入转移且不参与金融信贷的情形下，农户的收入则主要来源于农业收入 Y_a 和非农收入 Y_b 两部分，农户会根据其他生产要素情况合理配置家庭劳动力以实现家庭收入的最大化。

农户一方面可以将家庭劳动力配置于农业生产中，获取农业收入 Y_a，一方面也可以将家庭劳动力安排于非农活动获取收入 Y_b，农业收入和非农收入的具体形式如式（10.2）所示。

$$\begin{cases} Y_a = P \cdot F(L_a, K_{pes}, K, A \,|\, E) \\ Y_b = w \cdot L_b \end{cases} \tag{10.2}$$

农业收入 Y_a 中，L_a 为配置于农业生产中的劳动力数量；K_{pes} 为农业生产中的农药投入，K 为其他农业生产性要素投入；A 为农户经营的耕地面积；E 为耕地质量、技术等农业生产中其他外部条件；P 表示粮食售价，并假定严格外生；$F(\cdot)$ 表示农业生产函数的具体形式，并具备农业生产函数的一般性质。非农收入 Y_b 中，w 表示非农工资率①，L_b 表示配置于非农生产中的劳动力数量，进一步将兼业引入，可得到农户的收入函数的一般形式如式（10.3）所示。

$$Y = P \cdot F[L_a(\theta), K_{pes}, K, A \,|\, E] + w \cdot L_b(\theta) \tag{10.3}$$

其中，θ 表示兼业程度，它主要影响农户的农业劳动供给以及非农劳动供给，对于 θ 我们有如下先验知识：$\partial L_a / \partial \theta < 0$ 且 $\partial L_b / \partial \theta > 0$，即

---

① 工资率实质上是关于劳动者禀赋的函数，即 $w = w(\phi)$，ϕ 表示禀赋特征，如年龄、性别和劳动经验等，但在实际非农活动中，诸如劳动技能的不易观测和针对每一个劳动力界定的成本过高等原因，工资率成为一个根据年龄或者性别等禀赋特征所外生的平均水平，因此模型假设工资率是一个常数。

农业劳动供给随着农户兼业程度的加深而减少，而非农劳动供给随着兼业程度的加深而增大。式（10.3）表明农户兼业时，其家庭总收入包括农业收入和非农收入两大部分，其中农业收入是劳动力和其余农业生产要素投入的函数，而非农收入则主要由非农劳动力数量和非农劳动的工资收益率决定。农户会根据自身的禀赋特征将家庭劳动力在农业生产和非农就业中进行配置，以追求家庭整体收入的最大化。

家庭劳动力总量是主要的外在约束条件，且 $L = L_a(\theta) + L_b(\theta)$，在此约束下求得家庭总收益最大化的一阶条件为：

$$\text{F. O. C} \quad P \cdot F_{L_a}\big[L_a(\theta), K_{pes}, K, A(\phi) \,\big|\, E\big] = \omega \qquad (10.4)$$

其中，$F_{L_a}\big[L_a(\theta), K_{pes}, K, A(\phi) \,\big|\, E\big]$ 为农业生产中劳动力的边际产出，其与粮食售价 P 的乘积则表示农业劳动力的边际产品价值（VMP）。式（10.4）说明：农户在兼业情形下家庭收入最大化的一阶条件是农业劳动力的边际产品价值等于非农劳动的工资收益率，也就是说只有当家庭劳动力配置于农业生产中所获得的收益等于劳动力配置于非农生产中所获得的收益的情形下，农户才能获得最大化的家庭收入。进一步根据该等式可以求解收入最大化目标下农户最优的农药施用量为：

$$K_{pes}^* = F_{L_a}^{-1}\big[L_a(\theta), K, A(\phi), P, \omega \,\big|\, E\big] \qquad (10.5)$$

由式（10.5）能够看出，农户在农业生产中的农药施用量变化主要受农业劳动力数量 $L_a(\theta)$、农业其他资本要素投入 K、有效耕地面积 A、农产品价格 P、非农劳动的工资收益率 ω 以及外部性因素 E 共同的影响，为进一步分析农药施用量与兼业之间的定量关系，进一步将式（10.5）对兼业程度 θ 求偏导可得：

$$\frac{\partial K_{pes}^*}{\partial \theta} = \frac{F_{L_a}^{-1}\big[L_a(\theta), K, A(\phi), P, \omega \,\big|\, E\big]}{\partial L_a(\theta)} \cdot \frac{\partial L_a(\theta)}{\partial \theta} \qquad (10.6)$$

由前文的先验知识可知，$\partial L_a / \partial \theta < 0$，进一步地，由反函数的性质

可知 $F_{L_a}^{-1}$ 对 L_a 的单调性与 F_{L_a} 对 L_a 的单调性保持一致，由生产函数性质①可知 $F_{L_aL_a}<0$，据此可以得出 $\partial F_{L_a}^{-1}/\partial L_a<0$。结合两部分符号的判定最终可以判定 $\partial K_{pes}^*/\partial\theta>0$，即农户的施药量会随着兼业程度的加深而增加。

根据新经济劳动力转移理论（Stark & Bloom，1985；Star，1993），劳动力转移对农业生产产生的最直接的影响是造成农业劳动力的锐减。农户选择兼业后，会重新调整家庭劳动力配置，将一部分家庭劳动力转移至非农就业中，从而对农业劳动力造成一定的"挤出"②，引致农业生产中劳动力的紧缺。当其劳动力无法满足农业生产所需时，部分农户将会退出农业生产，而针对那些仍留在农业生产中的农户，由于农业劳动力投入的不足，会使农业生产中缺少必要的田间维护劳作，而造成病虫害防治不及时以及诸多突发性的虫害危机（杨志海，2015）。鉴于小农生产中的风险规避属性（黄季焜等，2008；仇焕广等，2014），出于对劳动力不足或劳作时间不固定的考虑，农户更倾向于选择多施农药以规避产量损失风险。

10.3 模型设定与描述性分析

10.3.1 模型设定

前文从理论层面探讨了农户兼业与农药施用行为的内在影响机制，本部分将进一步利用计量模型进行实证分析。回归模型的具体形式如下：

---

① 关于农药施用的研究采用的生产函数模型主要包括以 C-D 函数为典型代表的传统生产函数模型以及减少产量损失的损失控制模型，这两类模型的主要差异体现在对农药生产率的估计存在不一致，但是从模型的基本假设来看，这两个模型都符合要素边际产量递减规律，即 $F_{L_aL_a}<0$。

② 此处挤出农业生产指农户进行土地流转，完全脱离农业生产，而选择社会化服务等外包农业不在其列。

$$Pesticide_i = \alpha + \beta D_i + \sum \delta_j Z_{ij} + \varepsilon_i \qquad (10.7)$$

其中，$Pesticide_i$ 代表第 i 个农户的亩均农药施用量；D_i 代表农户兼业情况的虚拟变量，$D_i = 1$ 则表明农户存在兼业，$D_i = 0$ 则表明农户没有兼业；$Z_{ij}(j = 1, 2, 3, \cdots, n)$ 表示可能影响农户农药施用量的其他控制变量；α 表示与模型中自变量无关的常数项，β 和 δ_j 是自变量的回归系数，均为模型的待估参数；ε_i 是随机扰动项。

实证模型中首先要解决因变量的量化问题，关于农药施用行为方面，学者关注焦点多集中于农户的农药施用量、施用行为规范以及安全隔离期等方面，其中农药施用量是影响农产品质量安全最为关键的要素，也是诸多研究探讨的热点，本书选取农户的亩均农药施用量作为因变量指标。农户兼业作为本文的关键自变量指标，鉴于农业生产实践中各类投入要素的施用量主要由家庭中农业决策者决定，选取农业决策者是否存在兼业行为作为衡量指标。

除此之外，农户的农药施用行为受到诸多其他因素的影响，参照已有的研究，并结合本书的研究视角，实证分析中还包括农产品质量安全认知程度①、农业生产技能②、风险偏好③以及农业技术推广水平④等。

---

① 在问卷中设置如下问题："是否听说过农产品质量安全事件"和"农药残留是否对人体健康有危害"。将答案为"是"赋值为 1，"否"赋值为 0，以累加得分衡量农户的农产品质量安全认知程度。

② 在问卷中设置三道判断题："化学防治稻飞虱，要将农药喷向稻丛的中上部""阿维菌素可在一季水稻生长季施用 2 次以上""刮大风或者将要下雨的天气不宜喷药"。回答正确得 1 分，错误不得分，累积得分作为该农户农业生产技能的指标。

③ 其指标选取依照霍尔特（Holt）实验法的摸球原理，设置 5 个风险偏好问题，将高风险选项结果赋值为 1，低风险选项结果赋值为 0，根据农户的选择结果进行累加确定最终得分，从 0 到 5 风险偏好程度以此递增。

④ 在问卷中设置"农业技术推广中心是否会普及农产品质量安全常识""农业技术推广中心是否会通知防治病虫害信息""农业技术推广中心是否会推荐用药配剂"三个问题，答案为"是"赋值 1，"否"赋值 0，以累加得分为村级技术推广程度。

具体模型相关变量设置整理如表 10 – 1 所示。

表 10 – 1 模型的变量释义

变量类型	变量名称	代码	变量释义
因变量	农药施用量	*Pesticide*	亩均农药施用量（克）
核心变量	兼业	*Concurrent*	1 = 兼业；0 = 纯农户
其他变量	性别	*Sex*	1 = 男性；0 = 女性
	年龄	*Age*	决策者年龄（周岁）
	文化程度	*Education*	决策者受教育年限（年）
	家庭农业劳动力	*Labour*	农业劳动力个数（个）
	种植规模	*Mu*	水稻种植面积（亩）
	家庭总收入	*Income*	农业收入与非农收入之和（万元）
	农产品质量安全认知	*Cognize*	农户认知程度得分
	农业生产技能	*Skill*	农户技能测试得分
	风险偏好程度	*Riskpreference*	农户风险偏好得分
	农业技术推广水平	*Extension*	村级技术推广程度得分

10.3.2 数据来源及描述性分析

本部分的实证分析数据来源于 2015 ~ 2017 年基于湖南、江西与江苏三省 11 个样本市水稻种植农户的实地调研，其中每个样本市选取 3 ~ 4 个样本县，再从每个样本县中随机抽取 2 ~ 3 个村进行一对一的入户问卷调查。问卷内容涉及农户家庭基本信息、农业生产情况以及农产品质量安全认知等内容。调研共发放问卷 862 份，湖南、江西和江苏各省收回的有效问卷分别为 182 份、323 份和 243 份，共计 748 份，问卷有效率为 86.77%。前文分析中指出，在兼业对农业劳动力造成挤出的情形下部分农户会选择退出农业生产，这类样本不在本书的研究范围之内。因此，将土地完全流转，农户不再参与农业生产活动的样本剔除，最终符合本书研究目的的实际样本量为 699 个。

如表 10 - 2 所示，样本的描述统计结果显示，有兼业行为的农户占比为 67. 81%，说明兼业化已然成为农业生产的常态。其中，兼业农户的平均家庭农业劳动力个数为 1. 1540 个，纯农户的平均家庭农业劳动力个数为 2. 1330 个，可见农户兼业对农业生产劳动力的"挤出效应"的确存在。在家庭收入方面，兼业农户的家庭总收入比纯农户平均高出 2. 0833 万元，说明兼业的存在对农户收入的提升有明显的促进作用。进一步对比兼业农户与纯农户在亩均施药量上的差异可以发现，兼业农户比纯农户平均每亩多施用农药 96. 1029 克，这是否说明兼业的存在确实会导致农药的过量施用？其内在的影响机制又是什么？这些问题的回答需要相应的实证支撑。

表 10 - 2   兼业农户与非兼业农户对比分析

类别	比例（%）	亩均施药量（克）	农业劳动力个数（个）	农户家庭收入（万元）
兼业	67. 81	783. 2036	1. 1540	13. 4098
非兼业	32. 19	687. 1007	2. 1330	11. 3265

资料来源：作者实地调查。

其他变量的描述性统计结果如表 10 - 3 所示。在样本的其他特征方面，风险偏好程度的测度与宾斯万格（Binswanger，1981）的研究结论相一致，农户多为风险规避者，平均风险偏好得分为 3. 9914，整体呈现出风险规避趋势，农户存在较大的概率为了保证农业收益而加大农药施用量。农户对农产品质量安全认识程度差异性也较大，平均得分为 1. 1057，认知程度的得分为 2 的农户为 38. 48%，而得分 0 的农户达到 27. 90%。农户的农产品质量安全认知的平均等分为 1. 1057，说明农户整体的农产品质量安全认知程度偏低，仍有待于进一步普及。农户的农业生产技能基本达标，平均值为 1. 5843，得分为 3 和 0 的农户比例分别为 15. 02% 和 8. 73%。而农业技术推广的方式和对象则需进一步改进，

农户接收到的农业技术推广水平平均得分为 1.2543，得分为 3 和 0 占比
分别为 15.59% 和 30.47%。

表 10 - 3   变量的描述性分析

类别	变量名称	均值	标准差
因变量	农药施用量（克）	752.2692	287.3059
核心变量	兼业	0.6771	0.4679
	自留比	0.2204	0.3158
其他变量	性别	0.9786	0.2471
	年龄（周岁）	52.7883	9.9587
	文化程度（年）	8.2479	3.2622
	家庭农业劳动力（个）	1.8179	0.8983
	种植规模（亩）	32.3904	34.9031
	家庭总收入（万元）	9.5791	12.7392
	农产品质量安全认知	1.1057	0.8078
	农业生产技能	1.5843	0.8508
	风险偏好程度	3.9914	3.4949
	农业技术推广水平	1.2543	1.0541

资料来源：作者实地调查。

10.4 实证分析

本部分运用 Stata 统计软件，针对农户兼业对农药施用量的结果进
行了回归分析，参数估计结果如表 10 - 4 所示。在实证分析之前，对模
型的共线性问题进行了检验，其中，自变量 VIF 的最大值为 1.40[①]，说
明变量间不存在共线性。同时从模型 1 的回归结果来看，大多数变量通

[①] 通常以 "$0 < VIF < 10$，不存在多重共线性；$10 \leqslant VIF < 100$，存在较强的多重共线性；$VIF \geqslant 100$，存在严重的多重共线性" 为判断标准。

高质量发展背景下稻农施药行为研究

过了显著度检验，模型的拟合程度较好。

表 10 - 4　　　　兼业对农户农药施用行为的模型回归结果

变量	模型 1		
	估计系数	标准误差	p 值
兼业	119. 1995 ***	19. 8588	0. 000
性别	24. 9331	37. 1773	0. 503
年龄	- 0. 9142	0. 9992	0. 361
文化程度	2. 1769	3. 0871	0. 481
家庭农业劳动力	- 18. 6205 *	10. 5806	0. 079
种植规模	0. 0629 ***	0. 0141	0. 000
家庭总收入	- 0. 2893 *	0. 1493	0. 053
农产品质量安全认知	11. 8835	13. 1774	0. 367
农业生产技能	- 31. 8858 ***	11. 2582	0. 005
风险偏好程度	- 36. 4983 ***	2. 8709	0. 000
农业技术推广水平	- 28. 7034 ***	10. 2237	0. 005
常数项	930. 9741 ***	85. 7271	0. 000
R^2	0. 2962		

注：*** 、* 分别表示变量在 1%、10% 置信水平下显著。
资料来源：作者实地调查。

　　模型 1 的结果显示，农户兼业对其农药施用行为有显著的正向影响，兼业后每亩地的农药施用量平均增加 119.1995 克，且在 1% 的水平上显著，验证了本书的研究假说。迫于家庭劳动力总量的限制，兼业情况下农户的家庭劳动力向非农就业中倾斜，留存在农业生产的劳动力数量不足。而水稻的病虫害防治工作具有时效性和突发性的特点，要求农业生产者时刻关注田间病虫害情况，并采取及时的治疗措施。兼业农户农业劳动力的缺失无法满足这一要求，时常会出现田间农药喷洒不及时等情况发生，引致更猖獗的病虫害，因而只能够通过加大农药的施用量进行弥补。同时可以发现，在模型1中，家庭农业劳动力指标对农药的施用量存在负向的影响关系，说明农业劳动力的缺失会使农户增加农药的施用量。故而可以反映出农户的兼业将通过农业劳动力投入为传导增加农药施用量从而负向影响农产品质量安全。

其他指标中，农户的农业生产技能与其农药施用量呈显著的负向相关关系，说明具备较强农业生产综合能力的农户，在农业生产中可以通过利用自身技能对农业生产中的日常问题或者突发情况进行经验判断和应对，达到"少药"且"高效"的效果。同时，政府的农业技术推广也与农户的农药施用量负向相关，这与农业生产技能的影响相呼应。及时、到位并且行之有效的农业技术推广，能够在农业生产过程中正确引导农户的标准化生产并规范其种植行为，从而降低了农户过量施用农药的概率。农户风险偏好的计量结果与学者的研究相一致（蔡键，2014），主观偏好上越厌恶风险的农户越有可能为保证产量而增加农药施用量。农户的农产品质量安全认知与农业生产中农药施用量关系不显著，这与学者的研究（王建华等，2014）相悖。进一步地分析可知，质量安全认知虽然能够从思想层面上提高农户素质，但这只能作为其农药施用行为的软约束，落实到农业生产实践中，农户更多的仍是以提高自身利益为前提，降低农药施用量的效果并不理想。

前述分析中指出，兼业除了对农业劳动力造成"挤出"之外，同样能够显著提高家庭收入。[①] 从农产品质量安全的角度出发，作为"二元"身份的载体，兼业带来农户家庭整体收入的提高的同时，也

---

① 这一点在描述性统计部分也得以体现，样本中兼业农户的家庭收入比非兼业农户平均高出 2.0833 万元。

增强了其自身对于农产品质量安全的重视程度，从而会选择减少对自家消费农产品的农药施用行为（杨天和，2006；纪月清等，2015）。同时，通过分析兼业农户与非兼业农户的自留比差异可以发现，兼业农户的平均自留比为 0.2547，纯农户的平均自留比为 0.1481，兼业农户的自留比明显高于非兼业农户。兼业农户以非农收入为主，农业生产以保有土地经营权和满足自家供给为主要目的，加之兼业农户对农产品质量安全的重视提高，将自己种植的粮食留存为口粮是最为放心的选择，所以其粮食自留比较高。种种证据表明，兼业除了对农业劳动力造成挤压外，其对收入结构的改变可能也会对农药施用量产生影响，特别是在农户存在"为市场而生产"以及"为生活而生产"两种模式时（徐立成等，2013；彭军等，2015），收入结构的影响效应更为显著。为剥离收入结构改变带来的潜在影响，本书在模型 1 的基础上加入自留比以及兼业与自留比的交叉项进行了重新估计，结果如表 10 - 5 所示。模型 2 通过显著性检验，且各变量系数变化不大，可见模型设置具备稳健性。自留比和兼业的交叉项与农药施用量显著负向相关，且在 1% 的水平上显著，说明兼业农户的自留比越高，其农业生产中农药施用量就越少。农户兼业化丰富了家庭收入来源的渠道，相对较高的非农就业工资率带来家庭总收入水平的提高，与此同时，兼业农户的农产品质量安全意识也随之加强。农户的"二元"身份，使其为满足自身对于质量安全的追求，便会选择在自留粮食的耕地中减少农药的施用量。剔除了兼业带来的收入结构改变对模型的影响后，兼业对农药施用量的影响系数变为 168.2243，比模型 1 中的结果高出 49.0248，也就是说在农业生产存在"一家两制"的普遍现象时，如果忽视兼业对收入结构的影响，其对农产品质量安全的不利影响会被低估。

表 10-5   修正后的模型回归结果

变量	模型 2		
	估计系数	标准误差	p 值
兼业	168.2243 ***	22.7117	0.000
自留比	-39.2576 ***	10.9226	0.000
兼业 × 自留比	-68.8242 ***	29.0927	0.003
性别	31.5365	36.3275	0.386
年龄	-0.6367	0.9768	0.515
文化程度	2.3821	3.0171	0.430
家庭农业劳动力	-15.3565	10.3442	0.138
种植规模	0.0590 ***	0.0137	0.000
家庭总收入	-0.2982 **	0.1458	0.041
农产品质量安全认知	11.7629	12.8725	0.361
农业生产技能	-31.3614 ***	11.0535	0.005
风险偏好程度	-33.6693 ***	2.8621	0.000
农业技术推广水平	-27.8903 **	9.9855	0.005
常数项	890.4244 ***	84.1831	0.000
调整 R^2	0.3292		

注：***、** 分别表示变量在1%、5%置信水平下显著。
资料来源：作者实地调查。

前述理论分析中指出，兼业对农产品质量安全的不利影响主要是由于兼业对农业劳动力产生的"挤出"，从而导致农户疏于日常的田间管理，从而增加了农药施用量。当下农业生产实际中，农业社会化服务作为替代农业劳动力的主要模式逐渐受到越来越多的关注。在调研样本中，共有 377 户农户采纳了不同类型的农药生产专业化服务，其中兼业农户有 247 户。为探寻消除兼业对农药施用不利影响的可能路径，在模型 2 的基础上，引入农药社会化服务采纳指标[①]，探究农药社会化服务

————————

① 将农药社会化服务的采纳情况设置为虚拟变量，购买农药社会化服务的农户被赋值为1，未购买农药社会化服务的农户被赋值为0。

在减少农药施用、控制农产品质量安全中的可能作用，计量结果如表 10 - 6 所示。

表 10 - 6　　　社会化服务嵌入对农户兼业与其农药施用
行为的模型回归结果

变量	模型 3		
	估计系数	标准误差	p 值
兼业	158. 4702 ***	22. 2198	0. 000
自留比	15. 5382	60. 4264	0. 797
兼业 × 自留比	− 63. 4643 ***	22. 5492	0. 005
农药社会化服务	− 110. 0980 ***	18. 4627	0. 000
性别	44. 8345	35. 5144	0. 207
年龄	− 0. 7620	0. 9533	0. 424
文化程度	3. 1417	2. 9465	0. 287
家庭农业劳动力	− 16. 1472	10. 0936	0. 110
种植规模	0. 0634 ***	0. 0134	0. 000
家庭总收入	− 0. 2203 ***	0. 1428	0. 123
农产品质量安全认知	14. 1291	12. 5659	0. 261
农业生产技能	− 34. 2471 ***	10. 7957	0. 002
风险偏好程度	− 30. 0401 ***	2. 8581	0. 000
农业技术推广水平	− 28. 5404 ***	9. 7434	0. 004
常数项	925. 1569 ***	82. 3428	0. 000
调整 R^2	0. 3614		

注：*** 表示变量在 1% 置信水平下显著。
资料来源：作者实地调查。

通过模型 3 的结果可以看出，农药社会化服务对农户的农药施用量有显著的负向影响，购买农药社会化服务的农户比未购买的农户平均每亩少施用农药 110. 0980 克。可见，由于农药社会化服务组织具有固定的劳动力和专业的农业生产知识，在农业生产中嵌入社会化服务，不仅能够对农业劳动力产生替代效果，亦能够标准化农业生产行为，大幅度地降低农药施用量,从而起到保障农产品质量安全的作用。

为进一步分析农药社会化服务的嵌入是否能够抵消农户兼业对农药施用行为带来的不利影响,本书将模型 3 中兼业程度的系数与农药专业化服务采纳的系数进行联合检验①。结果显示,p 值为 0.0583,在 10% 的水平上通过了显著性检验,拒绝了原假设。也就是说,社会化服务的出现虽然能够在一定程度上缓解兼业农户家庭劳动力不足的问题,但是却不能完全抵消兼业对农药施用的不利影响,这可能是两方面的原因:其一,农户的决策行为以成本收益最大化为原则,目前农药专业化服务仍处于起步阶段,在服务价格上不具备优势,农户权衡后便宁可选择多施用农药而非购买农药的社会化服务以保证产量。其二,从社会化服务质量的角度来看,目前农村地区社会化服务的发展模式还不够完善,仍存在很多单纯提供雇佣劳动力形式的社会化服务。这一类型的农药社会化服务不具备标准性和专业性的要求,与普通农户的农业生产技能并无太大差异,导致农药社会化服务未能达到预期的生产效果。

10.5　本章小结

本章的研究结果表明,在农业劳动力持续转移的背景下,兼业对农业生产的不利影响除了数量安全以外,同样会威胁农产品的质量安全。农户在兼业情形下会造成农业劳动投入的不足,而水稻的病虫害防治工作的时效性和突发性特点使农户在无暇顾及田间病虫害的情况下倾向于增加农药投入以规避产量损失风险。实证模型结果显示,兼业农户比纯

---

①　假定农户兼业的系数为 β,农户采纳社会化服务的系数为 δ_i。原假设 H_0 为 $\beta + \delta_i < 0$,经过 F 检验后,若 H_0 成立,则说明农户采纳农药社会化服务能够抵消兼业对农药施用带来的负向影响;若拒绝原假设,则说明社会化服务的嵌入无法抵消这种不利影响。

农户亩均农药施用量高出 119.1995 克。另外，兼业在对劳动力造成"挤出"的同时显著提高了家庭收入，进而提高了农户的农产品安全意识，农户普遍存在在自留地上减少农药施用的行为。剥离兼业对收入结构改变的影响后，兼业对农产品质量安全的不利影响更为突出，对农药施用量的影响系数更是高达 168.2243。进一步将农药社会化服务纳入分析框架后发现，农药社会化服务的嵌入仅能够在一定程度上缓解兼业对劳动力"挤出"的负向影响，但无法完全抵消其不利影响。

　　劳动力持续从农业部门向非农部门转移是经济发展的必然趋势，社会化服务作为替代农业劳动力不足的有效手段，从推广之初一直就备受关注，稳定的劳动力供给、完善的农业配备设施以及专业的农业生产技能均为保障农业标准化生产和农产品安全生产提供了良好的基础。但从实践情况来看，社会化服务组织嵌入农业生产中的作用效果还并不理想。因此，如何正确引导社会化服务的发展，充分将其优势发挥到农业生产中，提高其组织化、标准化程度是下一步的工作重点。本章的研究还指出，农业技术推广能够显著优化农户的农药施用行为。在进一步推进农业技术推广的过程中，应结合政府和社会的力量共同担起农业技术推广的责任，政府和各地经销商应定期为农户提供相应的农药施用知识培训、举办交流会议及讲座等，第三方安全农产品生产的专业研究机构以及媒体等社会力量也要加强对标准化农业生产的宣传，从而形成政府、市场、社会以及农户等多元主体参与的农产品质量安全治理体系。

第 *11* 章

研究结论与政策启示

11.1 研究结论

作为整个农业生产过程的决策者，农户的施药行为具有一定的复杂性。本书基于中国南方五省 731 户稻农的实地调研数据，进行了稻农的农药使用效率测算。全书从农户自身、市场主体、政府监管三个方面出发，深入探讨稻农在种植过程中关于农药使用的选择决策机制，探究不同研究视角下稻农施药行为的异质性。为统筹兼顾病虫害防治和化学农药减量的双重目标，本书又从替代视角出发，探析了农户绿色防控技术采纳行为的影响因素和经济、环境效应评价。根据上述研究，得出如下结论。

第一，稻农存在严重的过量施用农药问题。在调研区域，稻农每继续增加 1 元农药投入，其收益将减少 0.2 元，说明稻农存在严重的农药过量施用问题。造成这种结果的原因是农药的大剂量投入和高频次使用，造成了病虫害抗性的增强。抗药性越强，农户的农药使用量就越多，形成了病虫害与农药投入之间的恶性循环，因此，导致农户的农药投入增加而种植收益却减少的局面，这与已有研究的许多结果是一致的。当前，大量的农药投入根本不能起到增加收益的作用，稻农在农药减量中的潜力很大。

第二，不同规模农户施药行为差异大：规模户的农药使用量高于小农户。这与许多已有研究的结论一致。农药使用量取决于单次的施用剂量和施药频率两方面，是二者的综合结果。本书研究发现，随着种植规模的不断扩大，稻农在农药上的边际投入是递增的。在控制其他条件不变的情况下，规模户的单次用药剂量超标率比小农户高出56%；从施药频次来看，在其他变量不变的情况下，规模户在水稻一个生长周期内的施药频次是同等条件下的小农户的1.40倍。稻农的用药行为整体表现出规模户用药剂量大、施药次数多，小农户用药剂量小、施药次数少的特征。而口粮比例是规模户和小农户用药行为差异的根本因素，家庭口粮的比例增加会降低小农户对农药的需求。产量效应是农户作出是否使用农药、使用多少农药等决策的直接原因。相比小农户，规模户更依赖于稳定的农业产量和收入，产量效应大对规模户施药频次的促进作用更大，会增加规模户施药频次的概率，所以规模户更容易加大农药使用量。

第三，市场环境对农户施药行为的积极作用偏弱、消极影响较大。在资源环境约束趋紧、食品安全问题严峻的背景下，如何走出农业安全、高效生产的现代化步伐，已成为重要的现实问题。市场主体是农业发展前进必须依靠的中坚力量，但是众多市场主体中，只有"质量型"收购商有助于抑制稻农的农药过量施用行为，与"质量型"收购商交易的农户过量施用农药的概率比非交易组低14.27%；合作社对小农户吸纳较少，对农户群体的约束作用不明显；而农户的非专业外包防治将显著增加农药过量施用的概率，外包组农户的农药过量施用概率比非外包组农户高 16.98% 。整体来看，在众多市场主体中，"质量型"收购商对农户施药行为的约束作用明显，合作社没有发挥该有的作用，非专业外包防治表现出了较强负外部性。从"质量型"收购商的作用可以看出，如果市场体制健全、运作机制完善，农户施药行为中的诸多问题单纯地依靠市场，就能得到缓解甚至解决；从合作社的微弱作用可以看出，当前这一市场主体的组织化水平偏低，对农户施药行为进行约束的辅助作用较弱；从非专业外包防治对农户施药行为的负外部性可以看出，当前市场体系的发展中存在短板，短板的桎梏是限制市场环境整体作用水平的直接因素。

第四，政府监管对农户施药行为具有两面性。一方面，政府监管对农户的农药使用量具有抑制作用，如政府相关部门对水稻的质量安全检测每增加 1 次，农户的平均施药次数将减少 6.47% ，从这方面来看，政府相关部门从监督管理和技术指导两方面双管齐下，对农户行为形成了较好的规范机制。另一方面，政府部分监管职能对农户施药行为的约束作用有限，甚至会起到反向作用，如政府的安全用药培训正向作用于农户的施药频次。这是因为在市场体系不完善的条件下，部分农户应对风险能力较低，拒绝接受减少农药使用量造成的产量损失，产生对政府安全用药培训的不信任与不配合；同时部分政府部门的作用发挥不及时、不到位、不全面，形成政府监管背景下农户对农药的高依赖度，因此就呈现出政府相关部门的监管低效、引导不善的反向效果，导致以激励性、引导性、约束性为主的外部规制措施的作用有限。

第五，规范农户施药行为的效果：市场环境优于政府监管。当前我国的农业生产仍以小农户为主，其分散性是政府高效监管的障碍，不仅增加了政府的监管成本，还降低了政策落实的效果。整体来看，在农户的生产环节，政府监管对农药用量的影响是有限的，市场环境对改善农户施药行为的效果优于政府监管。虽然政府监管因素在农户施药行为中没有直接发挥作用，但是政府监管因素与市场环境因素形成了较好的交互作用。政府监管可为农户营造良好的市场环境，帮助建立良好的市场规范，进而压缩农户逆向选择的空间，改变农户施药行为。

第六，绿色防控技术具有经济和环境双重效应。绿色防控技术是对化学农药施用的一种较好的替代，它在摒弃化学农药所带来的农产品质量安全问题、生态环境问题等缺点的同时，又可以确保农作物的生产安全，促进农业的增产、增收，表现出较强的环境效应和经济效应。但在当前南方水稻主产区，农户对兼具经济和环保双重效应的绿色防控技术的采纳比例却较低。这主要有三个方面的原因：（1）与农户家庭的口粮比例有关。口粮比例较大的农户家庭其生产目标是"自用"，他们不仅缺乏技术进步的条件，更缺乏技术进步的动力。（2）施药时机预警的反向作用。由于使用绿色防控技术需要投入较大的人力与物力，农户面临资源匮乏、植保效果难以保证的困境。而当政府部门在化学农药施用上提供了施药时机预警等便利措施，农户便更倾向于选用化学农药，而非绿色防控技术。（3）收购方的关注点。收购方的关注点对于农户绿色防控技术的采纳程度起到了较强抑制作用，这是由于技术本身所具有的复杂性，使农户在实际运用中不得要领致使运用效果差，当收购市场要求越严格，他们越倾向于规避生疏技术的潜在风险。

11.2　政策启示

农业作为天生的弱质性产业，农药的减量增效并不能单纯依靠约束农户来实现，还需要政府部门的质量监管、市场收益激励与环境约束等外部力量来推动，应更多地采用利益驱动的激励方式，设计市场激励相容机制，并配合终端检测等政府监管措施，形成农户规范施用农药行为的内在动力。因此，为了提高农药生产率，保护农产品质量安全，规范农户施药行为，改善农村生态环境，在现有政府监管和市场环境的基础上，还可以从以下几点着手。

第一，灵活革新培训方式，积极落实监管职能。技术培训仍是提升农户认知的根本路径，但要注重变革植保站等政府相关部门的方式和方法，创新安全用药技术培训形式，不断加强政府信任建设，切实提高农户施药技能。政府监管对农户行为进行惩罚性约束，是改变农民行为最直接的方式，所以要积极完善农产品质量安全监管体系，通过合理的制度设计来促进绿色市场的规范化和可持续发展，促进农药零增长。同时，要加强对市场的监管，特别是对施药环节非专业承包主体的管理，确保其植保方式和技术行为的安全、专业与规范。而且要加强绿色生产的宣传及监管规制，形成农户与市场主体的多层行业自律机制，规范农户行为，纠正市场失灵，破解质量安全的困境。

第二，严格把控市场环境，扎实促进优质优价。要加强对绿色农产品供给市场的监管，积极建设特色产品、绿色产品、品牌产品等农产品基地，增加特色、绿色、品牌产品的供给，实现绿色农产品的优质优价原则。在绿色农产品溢价基础上，提升农户的经济效益，增大农户减施农药的潜力。同时，必须充分发掘合作社等市场组织对农户的吸纳能力，发挥市场主体规范对农户行为的约束和监督机制，利用合作社等市场组织的内部质量评价、生产决策控制以及系列奖惩机制，规范农户施药行为，促进农户的农药减量增效，督促和激励稻农调小每一次的农药使用剂量、降低每一季施药频次，从而保障消费者对稻米"质"的要求。

第三，对农户因材施教，充分发挥示范作用。培养农户质量安全生产意识和技能，对于规模户，可集中参观学习先进省市用药经验与技术，引导他们走资源可持续集约化的道路，切实提升用药意识，缩小农药知识与农药使用之间的差距，从根本上减量增效；对于小农户，可积极了解宣传、参与培训，学习掌握先进的植保技术和理念，从用药意识和施药技术上双管齐下。既要帮助农户学习先进的知识和技术，更要培育农户的自我学习能力，并采用合理的激励方式引导农户进行自我管理，形成从知识输入到技术输出的转变。同时要积极发挥示范户的辐射作用，带动农户深入了解绿色防控技术等植保方式，充分发挥过程控制和社会控制的组合效应。

第四，不断完善补贴机制，推进技术研发与推广。在目前的农业生产技术条件下，完全放弃施用农药是并不可行的，应不断推进替代技术的研发与推广。而且在现阶段中国农村，农户的信息获取渠道较多，技术推广部门应做好技术信息提供者的角色，要充分发挥农技推广体系应有的作用，利用互联网等现代化教育手段，将面向农户的技术推广落到实处。可将绿色农业技术的补贴常态化、多样化，并减少技术推广中的交易费用和制度成本，弱化农户应对技术更新的成本压力。还要确保绿色农业技术的补偿或补贴发放到位，为农户技术更新提供充分保障，从而激励农户采纳绿色农业技术。

第五，建立纵向反馈机制，完善风险补偿制度。政策支持或技术信息服务固然重要，但政策或技术实施的效果更需关注。我们需要形成纵向的信息反馈机制，切实了解农户在技术、政策等方面的真实需求与困难，针对性地为农户提供全程或阶段性服务。为了提高农户减施农药的意愿，需要对其预期风险进行保障与补偿，在政策补贴的基础上，可开发相应险种，完善风险补偿制度，鼓励农户对病虫害等风险进行投保，从而增强农户的抗风险能力，弱化农户为应对收入波动而对农药施用量的依赖。

11.3　不足与展望

第一，受调查数据的限制，本书仅基于横截面数据对农户施药行为展开研究，缺乏时间序列数据的支撑，关于农产品价格、成本等影响因素只能获得询问式答案。同时，农户对是否施用禁用农药、安全间隔期内是否施用农药等问题的回答可能与实际情况存在偏差，可能会影响到实证分析最终结果的精确度。

第二，在对稻农绿色防控技术采纳行为的研究中，由于缺失各类绿色防控技术的投入成本，所以以其采用绿色防控技术种类的多寡来作为采纳程度变量。同时由于绿色防控技术种类较多，本书并未将全部绿色防控技术统计在内，得出的绿色防控技术覆盖率可能与实际情况有所偏误。在以后的研究中，需要进一步通过扩大统计类别来对本书的研究结论进行验证和拓展。

第三，农户施药行为的影响因素在一定程度上受其所处村域环境和生活习惯等多种复杂因素影响，今后将对这部分内容进行深入研究。

附录

关于"稻农施药行为研究"的农户问卷

您好，我们是中国农业科学院的老师/学生，开展此项调查仅为学术研究，非常感谢您抽出宝贵时间填写本问卷。本问卷主要调查农户使用农药的相关情况，以便于提出农业安全生产的相关政策建议，使农户更加安全、高效地使用农药。如果您在填写问卷的过程中存在任何疑问，请及时咨询我们的调查员。相关信息会为您保密，谢谢您的配合！（注：本问卷只能访问家庭中主要负责购买农药或者施用农药的人，否则问卷无效。）

	农户个人情况	
1	问卷编码：（　　　）；调研员姓名：＿＿＿＿＿＿＿；调查时间：＿＿＿年＿＿＿月＿＿＿日	
2	被访者所在地：＿＿＿＿＿省＿＿＿＿＿市＿＿＿＿＿县（区）＿＿＿＿＿镇（乡）＿＿＿＿＿村	
3	农户姓名：＿＿＿＿	电话：＿＿＿＿
4	性别	0. 女；1. 男
5	年龄	（　　　）周岁
6	文化程度	1. 未上过学；2. 小学；3. 初中；4. 高中及中专；5. 大专及以上
7	是否为党员	0. 否；1. 是
8	是否担任干部	0. 否；1. 是
9	是否兼业	0. 否；1. 是
10	是否为农业生产决策者	0. 否；1. 是
11	您家购药者和施药者是否为同一人	0. 否；1. 是

	农户家庭情况		
12	家庭常住人口	（　）人	
13	家庭从事农业生产人口	（　）人	
14	种植水稻的主要类型	1. 早籼稻；2. 中籼稻；3. 晚籼稻；4. 粳稻；5. 再生稻	
15	水稻种植年限	（　）年	
16	是否有生产记录	0. 否；1. 是	
17	您家水稻有认证吗	1. 无公害认证；2. 绿色认证；3. 有机认证；4. 没有认证	
18	您家大米是否获得地理标志证明商标	0. 否；1. 是，请填写（　　　　　　）	
19	是否加入水稻专业合作社	0. 否；1. 是	
20	是否是水稻示范户	0. 否；1. 是	
	家庭农场情况		
21	是否是水稻家庭农场	0. 否； 1. 是，规模经营年限：（　）年	
22	水稻家庭农场的级别	1. 区县级；2. 市级；3. 省级	
23	农场主文化程度	1. 未上过学；2. 小学；3. 初中；4. 高中及中专；5. 大专及以上	
24	农场主的从业经历	1. 普通农民；2. 村干部；3. 专业大户；4. 农机手； 5. 农民合作社主要负责人；6. 企业管理层；7. 其他	
25	是否"三品一标"认证： 0. 否；1. 是	是否获得政府补贴：0. 否；1. 是	
26	是否有注册商标： 0. 否；1. 是	是否是示范家庭农场：0. 否；1. 是	
	水稻种植基本情况		
27	去年种植所有作物面积（　　）亩；种植稻田面积（　　）亩；种植他人稻田面积（　　）亩		
28	签订年限（　　）年	相应付出的租金或实物（　　）元/亩	
29	有机肥投入（　　）元/亩	化肥投入（　　）元/亩	
30	农药投入（　　）元/亩	种苗投入（　　）元/亩	
31	劳动力投入（　　）元/亩。其中自家（　）元/亩；雇工（　）元/亩	灌溉投入（　　）元/亩	

续表

32	机械投入（插秧、耕地、收割）（　　）元/亩	其他投入（　　）元/亩	
33	水稻种植总投入（　　）元/亩	亩产（　　）斤；单价（　　）元/斤	
34	水稻总产量（　　）斤	销售总量（　　）斤；留存量（　　）斤	
35	家庭总收入（　　）万元	1. 水稻种植收入（　　）万元；2. 其他种植业收入（　　）万元；3. 养殖业收入（　　）万元；4. 外出务工收入（　　）万元；5. 其他收入（　　）万元	

水稻的用药投入

不同时期	各个阶段总次数（次）	病害打药次数（次）	虫害打药次数（次）	草害打药次数（次）
分蘖拔节期				
孕穗期				
成熟期（齐穗—收割）				
总次数（次）				
平均农药投入［元/（亩·次）］		农药总投入（　　）元/亩		

稻农的态度和认知

36	近几年，您觉得水稻价格	1. 变低；2. 差不多；3. 变高
37	近几年，您觉得农药效果	1. 变差；2. 差不多；3. 变好
38	近几年，农药价格变化	1. 变低；2. 差不多；3. 变高
39	您家水稻病虫害防治的效果如何	1. 较差；2. 一般；3. 很好
40	您觉得病虫害防治过程中遇到的主要问题是	1. 施药不及时；2. 用药后遇到下雨等天气降低效果；3. 选错农药；4. 农药用量不足；5. 病虫害抗药性增强；6. 其他，请说明（　　）
41	您对农药残留的认知	1. 完全不了解；2. 了解一些；3. 非常了解
42	您认为农药残留对人体健康的危害程度	1. 非常严重；2. 比较严重；3. 一般；4. 影响很小；5. 没有任何危害
43	您获得农药信息最主要途径是	1. 农药经销人员；2. 老乡/亲友；3. 政府有关农技部门；4. 农业合作组织；5. 广播/电视/书籍/网络等
44	您觉得农药方面技术、知识对您的重要程度	1. 没有必要；2. 不太需要；3. 一般；4. 比较需要；5. 十分需要；6. 其他（　　）
45	您觉得农药的技术和知识获得的难易程度	1. 非常难；2. 比较难；3. 一般；4. 不太难；5. 一点也不难

46	自然灾害对您家水稻生产的影响	1. 影响较小；2. 有一定影响；3. 影响很大
47	您认为当前影响水稻产量的哪个压力更大	1. 病害；2. 虫害
48	用药次数越多，防治效果越好吗	0. 否；1. 是
49	您觉得您家水稻种植施用的农药过量吗	0. 否；1. 是
50	您觉得自家水稻的质量安全程度	1. 不太安全；2. 比较安全；3. 非常安全
51	你觉得如果完全不施用农药，您家水稻会减产	（ ）%
52	如果超标施用农药是否会影响稻谷销售价格	0. 不会；1. 会
53	稻谷生产用途	1. 国家储备粮库；2. 大型加工企业；3. 中小型加工企业；4. 粮贩；5. 口粮为主
54	收购方更关注水稻的什么特征	1. 外部特征（外观、大小、形态等）；2. 内在特征（农残超标与否等）
55	稻谷销售难易程度	1. 很难；2. 比较难；3. 一般；4. 比较容易；5. 非常容易
56	谁对农户进行过安全用药行为的培训	1. 政府相关部门；2. 村委；3. 合作社；4. 其他；5. 没有
57	安全用药行为的培训次数	（ ）次
58	您是如何对待技术人员的指导或技术培训的	1. 听取建议；2. 不予考虑
59	您觉得安全用药相关培训有必要吗	0. 没有；1. 有
60	组织或机构是否对农户施药行为进行管理	0. 否；1. 是
61	谁对您生产的水稻进行过质量安全检测	1. 政府相关部门；2. 合作社；3. 收购商；4. 自己；5. 没检测过
62	您家去年水稻接受质量安全检测的频次	（ ）次；其中不合格次数（ ）次
63	您参加农业保险的意愿	1. 很弱；2. 比较弱；3. 一般；4. 比较强；5. 很强
64	您家参加水稻农业保险了吗	0. 否；1. 是
稻农施药行为		
65	农药施用环节是否外包	0. 否；1. 是，雇工价格（ ）元/亩，一天能打（ ）亩
66	施药外包情况	自我防治面积（ ）亩，外包防治面积（ ）亩
67	施药外包的对象	1. 个体、私人（同村或邻村农户）；2. 合作社；3. 专业大户；4. 植保站；5. 其他，请说明（ ）
68	外包情况下用药时间您能否干预	0. 否；1. 是
69	外包情况下用药品类您能否干预	0. 否；1. 是

稻农施药行为：购买农药		
70	您购买农药的最主要渠道	1. 供销社等国营销售点；2. 农药厂家直销点；3. 有营业执照的私营农药经销点；4. 村里流动商贩的农药；5. 合作社；6. 其他
71	选择农药时，主要依靠谁	1. 自身经验；2. 老乡交流；3. 经销商推荐；4. 农技人员指导；5. 效仿专业大户
72	农药经销商专业化与否	0. 不专业；1. 专业
73	是否不管老乡推荐、植保站通知等信息，而是完全依靠自身经验选择农药品种	0. 否；1. 是
74	购买农药时最关心	1. 杀虫、治病效果；2. 价格；3. 毒性高低和安全性；4. 使用便利性；5. 其他
75	农药价格是否会影响您对农药的选择	0. 否；1. 是
76	您一般选择什么价位的农药	1. 便宜的，节省成本；2. 中间档位，兼顾效果和成本；3. 贵的，越贵效果越好
稻农施药行为：农药标签		
77	您购买农药时是否会阅读农药标签	0. 不会；1. 会
78	您配比农药时是否会阅读农药标签	0. 不会；1. 会
79	您购买农药，是否关注农药标签上"生物农药"字样	0. 否；1. 是
80	您购买农药，是否关注农药标签上"低毒""微毒"字样	0. 否；1. 是
81	你阅读农药标签最多的什么时候是在	1. 购买农药时；2. 配比农药时；3. 其他时候
82	阅读农药标签时最想了解	1. 毒性；2. 有效成分及含量；3. 使用技术和方法；4. 有效期；5. 名称和厂家信息
83	您觉得，农药标签的难易程度	1. 非常难看懂；2. 比较难看懂；3. 一般；4. 比较好懂；5. 非常简单
84	您觉得当前农药标签的主要问题	1. 过于专业、复杂；2. 信息不全；3. 印刷不规范；4. 其他；5. 没有问题
稻农施药行为：施药方式		
85	您家使用何种喷药设备	1. 人力施药机械（人力背负式手动/电动/机动喷雾器）；2. 小型动力植保机械（担架式、自走式）；3. 大中型动力植保机械（拖拉机牵引式、悬挂式、喷杆式、送风式等）；4. 航空植保机械
86	您家现用的喷雾设备使用年限	（　　）年
87	喷洒农药的工作效率	（　　）亩/小时

续表

88	喷药设备购置费用	（　　）元
89	您家的农药喷雾器的雾化效果好吗	1. 不好（像毛毛细雨）；2. 一般；3. 挺好（都是雾状）
90	是否使用无人机打药	0. 否；1. 是
91	相比普通喷雾器，无人机施药效果如何	1. 差；2 差不多；3 好
92	相比普通喷雾器，无人机大概节省农药	（　　）%
93	您家是否统防统治施药	0. 否；1. 是
94	相比自己打药，统防统治施药效果如何	1. 差；2. 差不多；3. 好
95	相比自己打药，统防统治大概节省农药	（　　）%

稻农施药行为：施药行为

96	您施药时间的依据	1. 植保站等政府通知；2. 依据其他农户；3. 自己判断；4. 其他，请说明（　　）
97	农药的用量最主要依据	1. 植保站；2. 说明书；3. 农药商；4. 自己判断；5. 其他农户；6. 其他，请说明（　　）
98	农药的剂量一般如何选择	1. 少于农药使用说明；2. 严格按照农药使用说明；3. 多于农药使用说明
99	您施药是否考虑农药安全间隔期	0. 不考虑；1. 考虑
100	发生病虫害时，施药时机的选择	1. 病虫害发生前就打药预防；2. 病虫害侵害小面积；3. 病虫害侵害一半作物；4. 病虫害侵害大面积
101	在施药过程中，您家喷雾器是否存在药液"跑冒滴漏"的现象	0. 不存在；1. 存在
102	您是否会把其他作物的杀虫剂、杀菌剂用到水稻上经历	0. 否；1. 是

稻农施药行为：防护措施

103	您喷洒农药时是否穿长衣长裤	0. 否；1. 是
104	您在喷洒农药时是否使用手套	0. 否；1. 是
105	您在喷洒农药时是否使用口罩	0. 否；1. 是
106	近5年来，您水稻种植中喷洒农药，是否出现过头晕、恶心呕吐、乏力等中毒症状	0. 否；1. 是

稻农施药行为：施药后期工作

107	剩余完整包装的农药怎么处理	1. 退回经销店；2. 自己存放
108	农药喷洒完，是否清洗喷雾器	0. 否；1. 是

续表

109	您一般在哪里洗喷雾器	1. 田头；2. 水井旁；3. 附近河流、鱼塘和水库等；4. 其他地方
110	您通常是如何处置农药包装瓶、包装袋的	1. 回收点；2. 垃圾场；3. 自行掩埋；4. 自行焚烧；5. 随手扔掉
111	如果配好的农药没有喷完，您一般怎么处理	1. 一般不剩余；2. 继续喷到作物上；3. 搁置到下次使用
112	是否继续使用过保质期的农药	0. 否；1. 是

稻农意愿

113	您是否知道生物农药	0. 否；1. 是
114	去年一年水稻生产过程中您使用几种生物农药	（　　）种
115	在当前的水稻种植环境中，你是否愿意用生物农药替换化学农药	0. 否；1. 是
116	是否采用黄板	0. 否；1. 是
117	是否安黑光灯、太阳能杀虫灯或频振式杀虫灯	0. 否；1. 是
118	是否挂放二化螟信息素诱捕器	0. 否；1. 是
119	是否采用防虫网	0. 否；1. 是
120	是否挂赤眼蜂卡	0. 否；1. 是
121	您认为以上绿色防控技术对预防和控制水稻病虫害有作用吗	1. 没有作用；2. 有一点作用；3. 作用很大

水稻的常见病虫害、农户的常用农药

122	请在去年出现过的病虫害下方填"1"，否则填"0"；用的农药下方填"1"，否则填"0"											
	稻飞虱	稻纵卷叶螟	二化螟	三化螟	稻苞虫	稻蓟马	稻瘟灵	水稻纹枯病	稻曲病			
	三环唑	乙酰甲胺磷	吡虫啉	噻嗪酮	多菌灵	稻瘟病	咪鲜胺	井冈霉素	三唑磷	毒死蜱	春雷霉素	阿维菌素

123	去年一年种植水稻使用的农药种类	（　　）种
124	您使用的大多数农药的毒性	1. Ⅰa 级：剧毒；2. Ⅰb 级：高毒；3. Ⅱ级：中等毒；4. Ⅲ级：低毒；5. Ⅳ级：微毒

参 考 文 献

[1] 卜元卿，孔源，智勇，等. 化学农药对环境的污染及其防控对策建议 [J]. 中国农业科技导报，2014（2）：19 – 25.

[2] 蔡键. 风险偏好、外部信息失效与农药暴露行为 [J]. 中国人口·资源与环境，2014（9）：135 – 140.

[3] 蔡荣. 农业化学品投入状况及其对环境的影响 [J]. 中国人口·资源与环境，2010，20（3）：107 – 110.

[4] 蔡荣，汪紫钰，钱龙，等. 加入合作社促进了家庭农场选择环境友好型生产方式吗？——以化肥、农药减量施用为例 [J]. 中国农村观察，2019（1）：51 – 65.

[5] 蔡书凯. 经济结构、耕地特征与病虫害绿色防控技术采纳的实证研究——基于安徽省 740 个水稻种植户的调查数据 [J]. 中国农业大学学报，2013（4）：208 – 215.

[6] 陈超，沈荣海，展进涛. 农户兼业视角下的水稻生产行为及效率研究——以苏北地区水稻种植户为例 [J]. 江苏农业科学，2014，42（5）：404 – 407.

[7] 陈强. 高级计量经济学及 Stata 应用 [M]. 北京：高等教育出版社，2014.

[8] 陈锡文. 当前我国农业农村发展的几个重要问题 [J]. 南京农业大学学报（社会科学版），2011，11（1）：1 – 6.

［9］陈雨生，乔娟，闫逢柱. 农户无公害认证蔬菜生产意愿影响因素的实证分析——以北京市为例［J］. 农业经济问题，2009（6）：34－39.

［10］储成兵. 农户 IPM 技术采用行为及其激励机制研究［M］. 北京：中国农业大学，2015.

［11］代云云. 我国蔬菜质量安全管理现状与调控对策分析［J］. 中国人口·资源与环境，2013（S2）：66－69.

［12］代云云，徐翔. 农户蔬菜质量安全控制行为及其影响因素实证研究——基于农户对政府、市场及组织质量安全监管影响认知的视角［J］. 南京农业大学学报（社会科学版），2012（3）：48－53.

［13］杜斌，康积萍，李松柏. 农户安全生产意愿影响因素分析［J］. 西北农林科技大学学报（社会科学版），2014（3）：71－75.

［14］冯忠泽，李庆江. 农户农产品质量安全认知及影响因素分析［J］. 农业经济问题，2007（4）：22－26.

［15］高晨雪，汪明，叶涛，等. 种植行为及保险决策在不同收入结构农户间的差异分析［J］. 农业技术经济，2013（10）：46－55.

［16］高杨，张笑，陆姣，等. 家庭农场绿色防控技术采纳行为研究［J］. 资源科学，2017（5）：934－944.

［17］韩杨，曹斌，陈建先，等. 中国消费者对食品质量安全信息需求差异分析——来自 1573 个消费者的数据检验［J］. 中国软科学，2014（2）：32－45.

［18］郝敬胜. 安徽农业科技成果转化为现实生产力的若干思考——以水稻产品研究为例［J］. 华东经济管理，2009（4）：20－23.

［19］何秀荣. 关于我国农业经营规模的思考［J］. 农业经济问题，2016（9）：4－15.

［20］侯建昀，刘军弟，霍学喜. 区域异质性视角下农户农药施用行

为研究——基于非线性面板数据的实证分析［J］.华中农业大学学报（社会科学版），2014（4）：1-9.

［21］侯麟科，仇焕广，白军飞，等.农户风险偏好对农业生产要素投入的影响——以农户玉米品种选择为例［J］.农业技术经济，2014（5）：21-29.

［22］胡定寰，陈志钢，孙庆珍，等.合同生产模式对农户收入和食品安全的影响——以山东省苹果产业为例［J］.中国农村经济，2006（11）：17-24.

［23］黄季焜，齐亮，陈瑞剑.技术信息知识、风险偏好与农民施用农药［J］.管理世界，2008（5）：71-76.

［24］黄炎忠，罗小锋.既吃又卖：稻农的生物农药施用行为差异分析［J］.中国农村经济，2018（7）：63-78.

［25］黄月香，刘丽，培尔顿，等.北京市蔬菜农药残留及蔬菜生产基地农药使用现状研究［J］.中国食品卫生杂志，2008（4）：319-321.

［26］黄祖辉，钱峰燕.茶农行为对茶叶安全性的影响分析［J］.南京农业大学学报（社会科学版），2005（1）：39-44.

［27］黄祖辉，钟颖琦，王晓莉.不同政策对农户农药施用行为的影响［J］.中国人口·资源与环境，2016（8）：148-155.

［28］纪月清，刘亚洲，陈奕山.统防统治：农民兼业与农药施用［J］.南京农业大学学报社会科学版，2015（6）：61-67，138.

［29］江激宇，柯木飞，张士云，等.农户蔬菜质量安全控制意愿的影响因素分析——基于河北省藁城市151份农户的调查［J］.农业技术经济，2012（5）：35-42.

［30］姜健，周静，孙若愚.菜农过量施用农药行为分析——以辽宁省蔬菜种植户为例［J］.农业技术经济，2017（11）：16-25.

[31] 李昊，李世平，南灵. 农药施用技术培训减少农药过量施用了吗？[J]. 中国农村经济，2017（10）：80-96.

[32] 李红梅，傅新红，吴秀敏. 农户安全施用农药的意愿及其影响因素研究——对四川省广汉市214户农户的调查与分析 [J]. 农业技术经济，2007（5）：99-104.

[33] 李静，盖志毅. 我国农产品质量监管中存在的问题与改革方案 [J]. 现代经济探讨，2016（6）：55-59.

[34] 李明艳，陈利根，石晓平. 非农就业与农户土地利用行为实证分析：配置效应、兼业效应与投资效应——基于2005年江西省农户调研数据 [J]. 农业技术经济，2010（3）：41-51.

[35] 李庆，林光华，何军. 农民兼业化与农业生产要素投入的相关性研究——基于农村固定观察点农户数据的分析 [J]. 南京农业大学学报（社会科学版），2013（3）：27-32.

[36] 李苏. 论农户兼业化向专业化的过渡 [J]. 社会科学家，2000（6）：60-63.

[37] 李世杰，朱雪兰，洪潇伟，等. 农户认知、农药补贴与农户安全农产品生产用药意愿——基于对海南省冬季瓜菜种植农户的问卷调查 [J]. 中国农村观察，2013（5）：55-69.

[38] 李哲敏，刘磊，刘宏. 保障我国农产品质量安全面临的挑战及对策研究 [J]. 中国科技论坛，2012（10）：132-137.

[39] 廖西元，陈庆根，王磊，等. 农户对水稻科技需求优先序 [J]. 中国农村经济，2004（11）：36-43.

[40] 刘成武，楠楠，黄利民. 中国南方稻作区不同规模农户土地集约利用行为的差异比较 [J]. 农业工程学报，2018（17）：250-256.

[41] 刘洋，熊学萍，刘海清，等. 农户绿色防控技术采纳意愿及其

影响因素研究——基于湖南省长沙市348个农户的调查数据 [J]. 中国农业大学学报，2015（4）：263-271.

[42] 刘兆征. 当前农村环境问题分析 [J]. 农业经济问题，2009（3）：70-74.

[43] 娄博杰，宋敏，张庆文，等. 农户高毒农药施用行为影响因素分析——以东部六省调研数据为例 [J]. 农村经济，2014（7）：108-112.

[44] 陆一香. 论兼业化农业的历史命运 [J]. 中国农村经济，1988（2）：36-40.

[45] 麻丽平，霍学喜. 农户农药认知与农药施用行为调查研究 [J]. 西北农林科技大学学报（社会科学版），2015（5）：65-71.

[46] 米建伟，黄季焜，陈瑞剑，等. 风险规避与中国棉农的农药施用行为 [J]. 中国农村经济，2012（7）：60-71.

[47] 倪国华，郑风田. "一家两制""纵向整合"与农产品安全——基于三个自然村的案例研究 [J]. 中国软科学，2014（5）：1-10.

[48] 彭建仿，杨爽. 共生视角下农户安全农产品生产行为选择——基于407个农户的实证分析 [J]. 中国农村经济，2011（12）：68-78.

[49] 彭军，乔慧，郑风田. "一家两制"农业生产行为的农户模型分析——基于健康和收入的视角 [J]. 当代经济科学，2015（6）：78-91.

[50] 仇焕广，栾昊，李瑾，等. 风险规避对农户化肥过量施用行为的影响 [J]. 中国农村经济，2014（3）：85-96.

[51] 孙世民，张园园，彭玉珊. 基于生产与监管的畜产品质量控制机制研究 [J]. 农业经济问题，2016（5）：32-39.

[52] 谭翔，欧晓明，陈梦润. 安全农产品是如何生产出来的 [J]. 南方经济，2017（5）：50-65.

[53] 童霞，高申荣，吴林海. 农户对农药残留的认知与农药施用行

为研究——基于江苏、浙江 473 个农户的调研 [J]. 农业经济问题，2014 (1)：79 - 85.

[54] 童霞，吴林海，山丽杰. 影响农药施用行为的农户特征研究 [J]. 农业技术经济，2011 (11)：71 - 83.

[55] 万宝瑞. 确保我国农业三大安全的建议 [J]. 农业经济问题，2015 (3)：4 - 8.

[56] 王常伟，顾海英. 市场 VS 政府，什么力量影响了我国菜农农药用量的选择？[J]. 管理世界，2013 (11)：50 - 66.

[57] 王华书，徐翔. 微观行为与农产品安全——对农户生产与居民消费的分析 [J]. 南京农业大学学报（社会科学版），2004 (1)：23 - 28.

[58] 王建华，马玉婷，晁曼璐. 农户农药残留认知及其行为意愿影响因素研究——基于全国五省 986 个农户的调查数据 [J]. 软科学，2014a (9)：134 - 138.

[59] 王建华，马玉婷，刘苗，等. 农业生产者农药施用行为选择逻辑及其影响因素 [J]. 中国人口·资源与环境，2015 (8)：153 - 161.

[60] 王建华，马玉婷，王晓莉. 农产品安全生产：农户农药施用知识与技能培训 [J]. 中国人口·资源与环境，2014b (4)：54 - 63.

[61] 王军，张越杰. 参农生产优质安全人参行为的实证分析 [J]. 农业经济问题，2009 (7)：26 - 30.

[62] 王秀清，孙云峰. 我国食品市场上的质量信号问题 [J]. 中国农村经济，2002 (5)：27 - 32.

[63] 王绪龙，周静. 信息能力、认知与菜农使用农药行为转变——基于山东省菜农数据的实证检验 [J]. 农业技术经济，2016 (5)：22 - 31.

[64] 王志刚，李圣军，宋敏. 农业收入风险对农户生产经营的影响：来自西南地区的实证分析 [J]. 农业技术经济，2005 (4)：46 - 50.

［65］王志刚，李腾飞. 蔬菜出口产地农户对食品安全规制的认知及其农药决策行为研究［J］. 中国人口·资源与环境，2012（2）：164 –169.

［66］王志刚，吕冰. 蔬菜出口产地的农药使用行为及其对农民健康的影响——来自山东省莱阳、莱州和安丘三市的调研证据［J］. 中国软科学，2009（11）：72 –80.

［67］吴林海，侯博，高申荣. 基于结构方程模型的分散农户农药残留认知与主要影响因素分析［J］. 中国农村经济，2011（3）：35 –48.

［68］吴淼，王家铭. 家户经营模式下的农产品质量安全风险及其治理［J］. 农村经济，2012（1）：21 –25.

［69］徐立成，周立，潘素梅."一家两制"：食品安全威胁下的社会自我保护［J］. 中国农村经济，2013（5）：32 –44.

［70］徐晓新. 中国食品安全：问题、成因、对策［J］. 农业经济问题，2002，23（10）：45 –48.

［71］薛彩霞，姚顺波. 地理标志使用对农户生产行为影响分析：来自黄果柑种植农户的调查［J］. 中国农村经济，2016（7）：23 –35.

［72］姚文. 家庭资源禀赋、创业能力与环境友好型技术采用意愿——基于家庭农场视角［J］. 经济经纬，2016（1）：36 –41.

［73］杨天和，薛庆根，褚保金. 中国农产品质量安全问题研究［J］. 世界农业，2006（10）：1 –3.

［74］杨志海. 兼业经营对农户水稻生产的影响研究［D］. 华中农业大学，2015.

［75］叶兴庆. 演进轨迹、困境摆脱与转变我国农业发展方式的政策选择［J］. 改革，2016（6）：22 –39.

［76］应瑞瑶，徐斌. 农作物病虫害专业化防治服务对农药施用强度的影响［J］. 中国人口·资源与环境，2017（8）：90 –97.

[77] 应瑞瑶，朱勇. 农业技术培训方式对农户农业化学投入品使用行为的影响——源自实验经济学的证据 [J]. 中国农村观察，2015 (1)：50 – 58.

[78] 余威震，罗小锋，唐林，等. 土地细碎化视角下种粮目的对稻农生物农药施用行为的影响 [J]. 资源科学，2019 (12)：2193 – 2204.

[79] 张雯丽，沈贵银，曹慧，等. "十三五" 时期我国重要农产品消费趋势、影响与对策 [J]. 农业经济问题，2016 (3)：11 – 17.

[80] 张云华，马九杰，孔祥智，等. 农户采用无公害和绿色农药行为的影响因素分析——对山西、陕西和山东15县（市）的实证分析 [J]. 中国农村经济，2004 (1)：41 – 49.

[81] 章力建，朱立志. 我国 "农业立体污染" 防治对策研究 [J]. 农业经济问题，2005 (2)：4 – 7.

[82] 赵佳佳，刘天军，魏娟. 风险态度影响苹果安全生产行为吗——基于苹果主产区的农户实验数据 [J]. 农业技术经济，2017 (4)：95 – 105.

[83] 赵建欣，张忠根. 对农户种植安全蔬菜的影响因素分析——基于对山东、河北两省菜农的调查 [J]. 国际商务（对外经济贸易大学学报），2008 (2)：52 – 57.

[84] 赵连阁，蔡书凯. 晚稻种植农户 IPM 技术采纳的农药成本节约和粮食增产效果分析 [J]. 中国农村经济，2013 (5)：78 – 87.

[85] 郑风田，赵阳. 我国农产品质量安全问题与对策 [J]. 中国软科学，2003 (2)：16 – 20.

[86] 钟真，陈淑芬. 生产成本、规模经济与农产品质量安全——基于生鲜乳质量安全的规模经济分析 [J]. 中国农村经济，2014 (1)：49 – 61.

[87] 周峰，徐翔. 无公害蔬菜生产者农药使用行为研究——以南京

为例［J］. 经济问题, 2008 (1): 94-96.

［88］周洁红. 农户蔬菜质量安全控制行为及其影响因素分析——基于浙江省 396 户菜农的实证分析［J］. 中国农村经济, 2006 (11): 25-34.

［89］周洁红, 胡剑锋. 蔬菜加工企业质量安全管理行为及其影响因素分析——以浙江为例［J］. 中国农村经济, 2009 (3): 45-56.

［90］周洁红, 刘青, 王煜. 气候变化对水稻质量安全的影响——基于水稻主产区 1063 个农户的调查［J］. 浙江大学学报 (人文社会科学版), 2017 (2): 148-160.

［91］周曙东, 张宗毅. 农户农药施药效率测算、影响因素及其与农药生产率关系研究——对农药损失控制生产函数的改进［J］. 农业技术经济, 2013 (3): 4-14.

［92］周锡跃, 徐春春, 李凤博, 等. 世界水稻产业发展现状、趋势及对我国的启示［J］. 农业现代化研究, 2010 (5): 525-528.

［93］朱淀, 孔霞, 顾建平. 农户过量施用农药的非理性均衡: 来自中国苏南地区农户的证据［J］. 中国农村经济, 2014 (8): 17-29.

［94］诸培新, 颜杰, 苏敏. 农户兼业阶段性分化探析［J］. 中国人口·资源与环境, 2016, 26 (2): 102-110.

［95］朱月季, 周德翼, 游良志. 非洲农户资源禀赋、内在感知对技术采纳的影响——基于埃塞俄比亚奥罗米亚州的农户调查［J］. 资源科学, 2015 (8): 1629-1638.

［96］Abdollahzadeh G, Sharifzadeh M S, Damalas C A, 2015. Perceptions of the beneficial and harmful effects of pesticides among Iranian rice farmers influence the adoption of biological control. Crop Protection, 75: 124-131. DOI: 10.1016/j.cropro.2015.05.018.

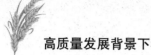

［97］Abhilash P C, Singh N, 2009. Pesticide use and application: An Indian scenario. Journal of Hazardous Materials, 165 (1): 1 - 12. DOI: 10. 1016/j. jhazmat. 2008. 10. 061.

［98］Ahmed A, Randhawa M A, Yusuf M J, et al. , 2011. Effect of processing on pesticide residues in food crops: A review. Journal of Agricultural Research, 49: 379 - 390.

［99］Akter M, Fan L, Rahman M M, et al. , 2018. Vegetable farmers' behaviour and knowledge related to pesticide use and related health problems: A case study from Bangladesh. Journal of Cleaner Production, 200: 122 - 133. DOI: 10. 1016/j. jclepro. 2018. 07. 130.

［100］Al Zadjali S, Morse S, Chenoweth J, et al. , 2014. Factors determining pesticide use practices by farmers in the Sultanate of Oman. Science of the Total Environment, 476 - 477: 505 - 512. DOI: 10. 1016/j. scitotenv. 2013. 12. 040.

［101］Arnalds O, Barkarson B H, 2003. Soil erosion and land use policy in Iceland in relation to sheep grazing and government subsidies. Environmental Science & Policy, 6 (1): 105 - 113. DOI: 10. 1016/S1462 - 9011 (02) 00115 - 6.

［102］Asfaw S, Mithöfer D, Waibel H, 2009. EU food safety standards, pesticide use and farm-level productivity: The case of high-value crops in Kenya. Journal of Agricultural Economics, 60 (3): 645 - 667. DOI: 10. 1111/j. 1477 - 9552. 2009. 00205. x.

［103］Babcock B A, Lichtenberg E, Zilberman D, 1992. Impact of damage control and quality of output: Estimating pest control effectiveness. American Journal of Agricultural Economics, 74 (1): 163 - 172.

[104] Bagheri A, Emami N, Damalas C A, et al., 2019. Farmers' knowledge, attitudes, and perceptions of pesticide use in apple farms of northern Iran: Impact on safety behavior. Environmental Science and Pollution Research, 26 (9): 9343 – 9351. DOI: 10. 1007/s11356 – 019 – 04330 – y.

[105] Beketov M A, Kefford B J, Schafer R B, et al., 2013. Pesticides reduce regional biodiversity of stream invertebrates. Proceedings of the National Academy of Sciences, 110 (27): 11039 – 11043. DOI: 10. 1073/pnas. 1305618110.

[106] Bergevoet R H M, Ondersteijn C J M, Saatkamp H W, et al., 2004. Entrepreneurial behaviour of dutch dairy farmers under a milk quota system: Goals, objectives and attitudes. Agricultural Systems, 80 (1): 1 – 21.

[107] Bhattacharya B, Sarkar S K, Mukherjee N, 2003. Organochlorine pesticide residues in sediments of a tropical mangrove estuary, India: Implications for monitoring. Environment International, 29 (5): 587 – 592. DOI: 10. 1016/S0160 – 4120 (03) 00016 – 3.

[108] Binswanger H P, 1981. Attitudes toward risk: Theoretical implications of an experiment in rural India. Economic Journal, 91 (364): 867 – 890.

[109] Bourguet D, Guillemaud T, 2016. The hidden and external costs of pesticide use. Sustainable Agriculture Reviews, 19: 35 – 120.

[110] Bourn D, Prescott J, 2002. A comparison of the nutritional value, sensory qualities, and food safety of organically and conventionally produced foods. Critical Reviews in Food Science and Nutrition, 42 (1): 1 – 34. DOI: 10. 1080/10408690290825439.

[111] Campbell H F, 1976. Estimating the marginal productivity of agricultural pesticides: The case of tree-fruit farms in the Okanagan Valley. Canadi-

an Journal of Agricultural Economics, 24 (2): 23 – 30.

[112] Carpentier A, Weaver R D, 1995. The contribution of pesticides to agricultural production: A reconsideration. Milan: European Association of Environmental and Resource Economists.

[113] Česnik H B, Gregorčič A, Cus F, 2008. Pesticide residues in grapes from vineyards included in integrated pest management in Slovenia. Food Additives & Contaminants, 25 (4): 438 – 443.

[114] Chambers R G, Karagiannis G, Tzouvelekas V, 2010. Another look at pesticide productivity and pest damage. American Journal of Agricultural Economics, 92 (5): 1401 – 1419. DOI: 10. 1093/ajae/aaq066.

[115] ChèZe B, David M, Martinet V, 2020. Understanding farmers' reluctance to reduce pesticide use: A choice experiment. Ecological Economics, 167: 106349. DOI: 10. 1016/j. ecolecon. 2019. 06. 004.

[116] Coffman C, Stone J F, Slocum A C, et al., 2009. Use of engineering controls and personal protective equipment by certified pesticide applicators. Journal of Agricultural Safety and Health, 15 (4): 311 – 326.

[117] Dasgupta S, Meisner C, Huq M, 2007. A pinch or a pint? Evidence of pesticide overuse in Bangladesh. Journal of Agricultural Economics, 58 (1): 91 – 114. DOI: 10. 1111/j. 1477 – 9552. 2007. 00083. x.

[118] Dorward A, 2006. Markets and pro-poor agricultural growth: Insights from livelihood and informal rural economy models in Malawi. Agricultural Economics, 35 (2): 157 – 169. DOI: 10. 1111/j. 1574 – 0862. 2006. 00149. x.

[119] Elahi E, Cui W J, Zhang H M, et al., 2019. Agricultural intensification and damages to human health in relation to agrochemicals: Application of artificial intelligence. Land Use Policy, 83: 461 – 474. DOI: 10. 1016/

j. landusepol. 2019. 02. 023.

[120] Feola G, Binder C R, 2010. Identifying and investigating pesticide application types to promote a more sustainable pesticide use: The case of small-holders in Boyacá, Colombia. Crop Protection, 29 (6): 612 – 622. DOI: 10. 1016/j. cropro. 2010. 01. 008.

[121] Fischer L A, 1970. The economics of pest control in Canadian apple production. Canadian Journal of Agricultural Economics, 18 (3): 89 –96.

[122] Ghimire N, Woodward R T, 2013. Under- and over-use of pesti-cides: An international analysis. Ecological Economics, 89: 73 – 81. DOI: 10. 1016/j. ecolecon. 2013. 02. 003.

[123] Hashemi S M, Rostami R, Hashemi M K, et al. , 2012. Pesti-cide use and risk perceptions among farmers in southwest Iran. Human and Eco-logical Risk Assessment, 18 (1): 456 –470.

[124] Hayati D, Abadi B, Movahedi R, et al. , 2009. An empirical model of factors affecting farmers' participation in natural resources conservational programs in Iran. Food, Agriculture & Environment, 7 (1): 201 –207.

[125] Headley J C, 1968. Estimating the productivity of agricultural pes-ticides. American Journal of Agricultural Economics, 50 (1): 13 – 23. DOI: 10. 2307/1237868.

[126] Hruska A J, Corriols M, 2002. The impact of training in integrated pest management among Nicaraguan maize farmers: Increased net returns and re-duced health risk. International Journal of Occupational and Environmental Health, 8 (3): 191 –200.

[127] Huang J K, Hu R F, Rozelle S, et al. , 2002. Transgenic varie-ties and productivity of smallholder cotton farmers in China. Australian Journal of

Agricultural and Resource Economics, 46 (3): 367 - 387. DOI: 10. 1111/ 1467 - 8489. 00184.

[128] Huang J K, Qiao F B, Zhang L X, et al. , 2000. Farm pesticide, rice production, and human health. Singapore: Economy and Environment Program for Southeast Asia.

[129] Hubbell B J, 1997. Estimating Insecticide Application Frequencies: A comparison of geometric and other count data models. Journal of Agricultural and Applied Economics, 29 (2): 225 - 242.

[130] Hurtig A K, Sebastián M S, Soto A, et al. , 2003. Pesticide use among farmers in the Amazon basin of Ecuador. Archives of Environmental Health, 58 (4): 223 - 228.

[131] Isin S, Yildirim I, 2007. Fruit-growers' perceptions on the harmful effects of pesticides and their reflection on practices: The case of Kemalpasa, Turkey. Crop Protection, 26 (7): 917 - 922. DOI: 10. 1016/j. cropro. 2006. 08. 006.

[132] Jacquet F, Butault J, Guichard L, 2011. An economic analysis of the possibility of reducing pesticides in French field crops. Ecological Economics, 70 (9): 1638 - 1648. DOI: 10. 1016/j. ecolecon. 2011. 04. 003.

[133] Jallow M F A, Awadh D G, Albaho M S, et al. , 2017. Pesticide risk behaviors and factors influencing pesticide use among farmers in Kuwait. Science of the Total Environment, 574: 490 - 498. DOI: 10. 1016/j. scitotenv. 2016. 09. 085.

[134] Jin S Q, Bluemling B, Mol A P J, 2015. Information, trust and pesticide overuse: Interactions between retailers and cotton farmers in China. NJAS-Wageningen Journal of Life Sciences, 72 - 73: 23 - 32. DOI: 10. 1016/

j. njas. 2014. 10. 003.

[135] Korir J K, Affognon H D, Ritho C N, et al. , 2015. Grower adoption of an integrated pest management package for management of mango-infesting fruit flies (Diptera: Tephritidae) in Embu, Kenya. International Journal of Tropical Insect Science, 35 (2): 80 – 89. DOI: 10. 1017/S1742758415000077.

[136] Lamichhane J R, 2017. Pesticide use and risk reduction in European farming systems with IPM: An introduction to the special issue. Crop Protection, 97: 1 – 6. DOI: 10. 1016/j. cropro. 2017. 01. 017.

[137] Lamichhane J R, Dachbrodt-Saaydeh S, Kudsk P, et al. , 2015. Toward a reduced reliance on conventional pesticides in European agriculture. Plant Disease, 100 (1): 10 – 24. DOI: 10. 1094/PDIS – 05 – 15 – 0574 – FE.

[138] Lechenet M, Dessaint F, Py G, et al. , 2017. Reducing pesticide use while preserving crop productivity and profitability on arable farms. Nature Plants, 3 (3): 17008. DOI: 10. 1038/nplants. 2017. 8.

[139] Leprevost C E, Storm J F, Asuaje C R, et al. , 2014. Assessing the effectiveness of the pesticides and farmworker health toolkit: A curriculum for Enhancing farmworkers' understanding of pesticide safety concepts. Journal of Agromedicine, 19 (2): 96 – 102. DOI: 10. 1080/1059924X. 2014. 886538.

[140] Lichtenberg E, 2013. Economics of pesticide use and regulation// Shogren J F. Encyclopedia of energy, natural resource, and environmental economics. Waltham: Elsevier: 86 – 97. DOI: 10. 1016/B978 – 0 – 12 – 375067 – 9. 00092 – 9.

[141] Lichtenberg E, Zilberman D, 1986. The econometrics of damage control: Why specification matters. American Journal of Agricultural Economics, 68 (2): 261 – 273. DOI: 10. 2307/1241427.

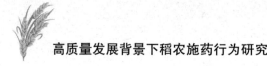

［142］Mcpeak J G, Doss C R, 2006. Are household production decisions cooperative? Evidence on pastoral migration and milk sales from Northern Kenya. American Journal of Agricultural Economics, 88 (3): 525 – 541. DOI: 10. 1111/j. 1467 – 8276. 2006. 00877. x.

［143］Miranowsk J A, 1975. The demand for agricultural crop chemicals under alternative farm program and pollution control solutions. Cambridge: Harvard University.

［144］Migheli M, 2017. Land ownership and use of pesticides. Evidence from the Mekong Delta. Journal of Cleaner Production, 145: 188 – 198. DOI: 10. 1016/j. jclepro. 2017. 01. 045.

［145］Mojid M A, Wyseure G C L, Biswas S K, et al. , 2010. Farmers' perceptions and knowledge in using wastewater for irrigation at twelve peri-urban areas and two sugar mill areas in Bangladesh. Agricultural Water Management, 98 (1): 79 – 86. DOI: 10. 1016/j. agwat. 2010. 07. 015.

［146］Moustier P, Tam P T G, Anh D T, et al. , 2010. The role of farmer organizations in supplying supermarkets with quality food in Vietnam. Food Policy, 35 (1): 69 – 78. DOI: 10. 1016/j. foodpol. 2009. 08. 003.

［147］Ntow W J, Gijzen H J, Kelderman P, et al. , 2006. Farmer perceptions and pesticide use practices in vegetable production in Ghana. Pest Management Science, 62 (4): 356 – 365. DOI: 10. 1002/ps. 1178.

［148］Ofuoku A U, Egho E O, Enujeke E C, 2008. Integrated Pest Management (IPM) adoption among farmers in central agro-ecological zone of Delta State, Nigeria. African Journal of Agricultural Research, 83 – 84 (12): 123 – 130.

［149］Parveen S, Nakagoshi N, Kimura A, 2003. Perceptions and pesticides use practices of rice farmers in Hiroshima Prefecture, Japan. Journal of Sustainable Agriculture, 22 (4): 5 – 30. DOI: 10. 1300/J064v22n04_03.

[150] Paudel K P, Lohr L, Martin N R, 2000. Effect of risk perspective on fertilizer choice by sharecroppers. Agricultural Systems, 66 (2): 115 – 128. DOI: 10. 1016/S0308 – 521X (00) 00039 – 1.

[151] Pedersen A B, Nielsen H Ø, Christensen T, et al. , 2012. Optimising the effect of policy instruments: A study of farmers' decision rationales and how they match the incentives in Danish pesticide policy. Journal of Environmental Planning and Management, 55 (8): 1094 – 1110. DOI: 10. 1080/09640568. 2011. 636568.

[152] Pemsl D, Waibel H, Gutierrez A P, 2005. Why do some BT-cotton farmers in China continue to use high levels of pesticides? International Journal of Agricultural Sustainability, 3 (1): 44 – 56. DOI: 10. 1080/14735903. 2005. 9684743.

[153] Plianbangchang P, Jetiyanon K, Wittaya-Areekul S, 2009. Pesticide use patterns among small-scale farmers: A case study from Phitsanulok, Thailand. The Southeast Asian Journal of Tropical Medicine and Public Health, 40 (2): 401 – 410.

[154] Polidoro B A, Dahlquist R M, Castillo L E, et al. , 2008. Pesticide application practices, pest knowledge, and cost-benefits of plantain production in the Bribri-Cabécar Indigenous Territories, Costa Rica. Environmental Research, 108 (1): 98 – 106. DOI: 10. 1016/j. envres. 2008. 04. 003.

[155] Saphores J M, 2000. The economic threshold with a stochastic pest population: A real options approach. American Journal of Agricultural Economics, 82 (3): 541 – 555. DOI: 10. 1111/0002 – 9092. 00045.

[156] Schreinemachers P, Chen H, Nguyen T T L, et al. , 2017. Too much to handle? Pesticide dependence of smallholder vegetable farmers in Southeast Asia. Science of the Total Environment, 593 – 594: 470 – 477. DOI: 10. 1016/j. scitotenv. 2017. 03. 181.

[157] Schreinemachers P, Tipraqsa P, 2012. Agricultural pesticides and land use intensification in high, middle and low income countries. Food Policy, 37 (6): 616 – 626. DOI: 10. 1016/j. foodpol. 2012. 06. 003.

[158] Sharifzadeh M S, Abdollahzadeh G, Damalas C A, et al. , 2019. Determinants of pesticide safety behavior among Iranian rice farmers. Science of the Total Environment, 651: 2953 – 2960. DOI: 10. 1016/j. scitotenv. 2018. 10. 179.

[159] Sharma R, Peshin R, 2016. Impact of integrated pest management of vegetables on pesticide use in subtropical Jammu, India. Crop Protection, 84: 105 – 112. DOI: 10. 1016/j. cropro. 2016. 02. 014.

[160] Shi X P, Heerink N, Qu F T, 2011. Does off-farm employment contribute to agriculture-based environmental pollution? New insights from a village-level analysis in Jiangxi Province, China. China Economic Review, 22 (4): 524 – 533. DOI: 10. 1016/j. chieco. 2010. 08. 003.

[161] Skevas T, Lansink A O, 2014. Reducing pesticide use and pesticide impact by productivity growth: The case of Dutch arable farming. Journal of Agricultural Economics, 65 (1): 191 – 211. DOI: 10. 1111/1477 – 9552. 12037.

[162] Skevas T, Stefanou S E, Lansink A O, 2012. Can economic incentives encourage actual reductions in pesticide use and environmental spillovers? Agricultural Economics, 43 (3): 267 – 276. DOI: 10. 1111/j. 1574 – 0862. 2012. 00581. x.

[163] Stark O, Bloom D E, 1985. The New Economics of Labor Migra-

tion. American Economic Review, 75 (2): 173 – 178.

[164] Stark O, 1993. The migration of labor. Economic Development and Cultural Change, 41 (4): 903 – 905.

[165] Supriya U, Ram D, 2013. Comparative profile of adoption of Integrated Pest Management (IPM) on cabbage and cauliflower growers. Research Journal of Agricultural Sciences, 4 (5): 640 – 643.

[166] Taylor J E, Rozelle S, Brauw A D, 2003. Migration and Incomes in Source Communities: A New Economics of Migration Perspective from China. Economic Development and Cultural Change, 52 (1): 75 – 101.

[167] Teague M L, Brorsen B W, 1995. Pesticide Productivity: What are the Trends? Journal of Agricultural & Applied Economics, 27 (1): 276 – 282.

[168] Timprasert S, Datta A, Ranamukhaarachchi S L, 2014. Factors determining adoption of integrated pest management by vegetable growers in Nakhon Ratchasima Province, Thailand. Crop Protection, 62: 32 – 39. DOI: 10. 1016/j. cropro. 2014. 04. 008.

[169] Tobin D, Thomson J, Laborde L, et al. , 2013. Factors affecting growers' on-farm food safety practices: Evaluation findings from Penn State extension programming. Food Control, 33 (1): 73 – 80. DOI: 10. 1016/j. foodcont. 2013. 02. 015.

[170] Viviana Waichman A, Eve E, Celso Da Silva Nina N, 2007. Do farmers understand the information displayed on pesticide product labels? A key question to reduce pesticides exposure and risk of poisoning in the Brazilian Amazon. Crop Protection, 26 (4): 576 – 583. DOI: 10. 1016/j. cropro. 2006. 05. 011.

[171] Wang W Y, Jin J J, He R, et al. , 2017. Gender differences in

pesticide use knowledge, risk awareness and practices in Chinese farmers. Science of the Total Environment, 590 – 591: 22 – 28. DOI: 10. 1016/j. scitotenv. 2017. 03. 053.

[172] Williamson S, Ball A, Pretty J, 2008. Trends in pesticide use and drivers for safer pest management in four African countries. Crop Protection, 27 (10): 1327 – 1334. DOI: 10. 1016/j. cropro. 2008. 04. 006.

[173] Xu H Z, Chen T, 2013. Impact of farmers' differentiation on farm-land-use efficiency: Evidence from household survey data in rural China. Agricultural Economics-Zemedelska Ekonomika, 59 (5): 227 – 234.

[174] Yee J, Ferguson W, 1996. Sample selection model assessing professional scouting programs and pesticide use in cotton production. Agribusiness, 12 (3): 291 – 300. DOI: 10. 1002/(SICI) 1520 – 6297 (199605/06) 12: 3 < 291:: AID-AGR8 > 3. 0. CO; 2 – W.

[175] Zhang C, Hu R F, Shi G M, et al. , 2015. Overuse or underuse? An observation of pesticide use in China. Science of the Total Environment, 538: 1 – 6. DOI: 10. 1016/j. scitotenv. 2015. 08. 031.

[176] Zhao L, Wang C W, Gu H Y, et al. , 2018. Market incentive, government regulation and the behavior of pesticide application of vegetable farmers in China. Food Control, 85: 308 – 317. DOI: 10. 1016/j. foodcont. 2017. 09. 016.

[177] Zhou J H, Jin S S, 2009. Safety of vegetables and the use of pesticides by farmers in China: Evidence from Zhejiang Province. Food Control, 20 (11): 1043 – 1048. DOI: 10. 1016/j. foodcont. 2009. 01. 002.

图书在版编目（CIP）数据

高质量发展背景下稻农施药行为研究／吕新业著.
—北京：经济科学出版社，2021. 5
ISBN 978 - 7 - 5218 - 2437 - 7

Ⅰ. ①高…　Ⅱ. ①吕…　Ⅲ. ①水稻 - 农药施用 - 研究

Ⅳ. ①S511

中国版本图书馆 CIP 数据核字（2021）第 044494 号

责任编辑：齐伟娜　尹雪晶
责任校对：王肖楠
责任印制：范　艳　张佳裕

高质量发展背景下稻农施药行为研究

吕新业　著

经济科学出版社出版、发行　新华书店经销

社址：北京市海淀区阜成路甲 28 号　邮编：100142

总编部电话：010 - 88191217　发行部电话：010 - 88191540

网址：www. esp. com. cn

电子邮箱：esp@ esp. com. cn

天猫网店：经济科学出版社旗舰店

网址：http://jjkxcbs. tmall. com

北京季蜂印刷有限公司印装

710×1000　16 开　13. 25 印张　170000 字

2021 年 6 月第 1 版　2021 年 6 月第 1 次印刷

ISBN 978 - 7 - 5218 - 2437 - 7　定价：58. 00 元

（图书出现印装问题，本社负责调换。电话：010 - 88191510）

（版权所有　翻印必究　举报电话：010 - 88191586

电子邮箱：dbts@ esp. com. cn）